Opening

"SUMMERTIME BLUES"

Opening

2006 年の夏のことだった。

記念すべきフジロックフェスティバル 10 周年。2 日目のトリ、
レッド・ホット・チリ・ペッパーズが轟音を響かせるグリーンス
テージのモッシュピットの中央。だらしなく口を開けた姿が、会
場カメラに抜かれてスクリーンに大写しになった男がいる。僕だ。

当時、新卒 1 年目の夏。入社 3 ヶ月で付与される有給を会社史
上最速で申請した。
確か営業部での研修期間は 7 月末までだったはずだ。研修期間
終了に合わせて、新人を労うお疲れ様会や、同期で「大変だっ
たね」なんて語らう夜もあったかもしれない。でもそんなことよ
り、レッチリの方が大事だ。営業部の部長の顔は苦渋に歪んでい
た。苗場の泥を塗りたくられたかのようだった。
最高の音の中、クラウドサーフする僕にとって大事なのは、自分
のカメラ映りだった。
それくらいレッチリへの思いは格別だった。彼らが全裸になって
股間にソックスだけをつけてライブをする姿を初めて観た時、僕
の世界は変わった。

3

2002 年の夏のことだった。

大学に入学して、放送プロデュース研究会というサークルに入った。カメラと動画編集用のパソコン、そして編集技術と酒の飲み方を教えてくれる先輩が欲しかったからだ。
それから 1 年たった夏のある日。僕を含む 6 人の男が大学の屋上で全裸になっていた。いや、股間にソックスだけはつけていた。

「スペインのトマト祭りを、レッチリと同じ格好でやろう」

今振り返っても、最高にキレてる企画だと思う。
撮影開始から 30 分後、複数の教室から通報があったと警備員が屋上に上がってきた。第一声は「君たちは何者だ？」だった。

そうか、そういえばまだ授業中だったな。
なるほど、屋上は意外と下の教室からも見えるんだな。

そんなことを考えながらも、僕の脳内には「君たちは何者だ？」というフレーズが焼き付いて離れない。僕たちは何者なんだ？

Opening

わずか1週間後、僕らは渋谷駅前のスクランブル交差点にいた。
着ぐるみに身を包んだ僕らは、傍目にはイヌとウサギとパンダに
しか見えていないはずだ。風船でも配りそうな可愛い外見の中に、
確かな狂気を宿して僕らはスクランブル交差点が青になると同時
に走り出した。

ハチ公前から走るイヌ。TSUTAYA前から走るウサギ。甘栗屋の
前から走るパンダ。

スクランブル交差点の中央でぶつかり合った瞬間、バトル・ロワ
イアルは始まった。着ぐるみを着ているとドロップキックも痛く
ない。信号が黄色に変わると、行儀よくスタート地点に戻り、青
になると再び走り出した。

いつしか通行人たちがガラケーで写真を撮り出した。当時、綺麗
に動画が撮れるスマートフォンも、拡散炎上するTwitterも存在
しなかった。

僕たちは何者なんだ？
今だったら炎上YouTuberとして世間を騒がせていたかもしれ
ない。でも動画共有サービスなんて影も形もない時代、僕らは自

主制作映像を作って配る、ZINE みたいな活動をしているだけだった。行き場のない青春のエネルギーを DVD に焼き付けるために。

ネタを見つけて、カメラを持ち出し、編集する。控えめに言っても、最高に青くてクリエイティブな日々だった。

さてもう一度、2006 年の夏に戻ろう。

フジロックから戻り意気揚々と出社した僕を、本配属先の部長は１ヶ月間無視し続けた。そういえばコイツはあの営業の部長と飲み友達だったな。とにもかくにも、こうしてクソつまんねー社会人生活というドラマが始まろうとしていた。

恵比寿のタコ公園のベンチに座りながら、僕は天を仰いだ。東京の夏の夜空は曇って明るくて「ムコウ」なんてとてもじゃないけど見えなかった。

あのヒリヒリするような体験はどこへ行ってしまったんだろう？世界観が変わるような出来事がこの世の中にはたくさんあったはずなのに、いつしかそれが見えなくなっちまった。

Opening

この本は学生時代、映像制作に取り憑かれ、
YouTube に出会い、インターネットの可能性を知り、
20 代をつまんねぇ仕事で意識低く生きて、
30 歳になって本当にやりたかったことに挑戦した男の、
ほぼ全てが入ってる。

もし君が今、2006 年の夏の僕と同じようにくすぶってるなら、
この本を読んでみてほしい。
レッチリとまでは言わないが、君の世界はちょっと変わるはずだ。

ヴィジュアル化する世界

今この本を読んでいる君は、書店で何となく手に取ったか、
Amazon の段ボール箱を開けた直後かのどっちかだよね？
いずれにせよ、君は本の表紙や圧縮されたサムネイル、あるいは
僕の風になびく長髪を見て、なんだか気になってしまったわけだ。
こんな風に、ヴィジュアルで行動を喚起されてしまう事象は、古
くから「アフォーダンス理論」として研究されてきた。

この理論をざっくり説明させてくれ。アフォーダンスの例として
よく引き合いに出されるのはガラスの話だ。これは「ガラスが割
られるのは、そもそもガラスが割られたがっているように見える
からだ」という内容で、目に見えるものはなんらかの行動を喚起
させるシグナルを送っている、という理論。
無茶苦茶に聞こえるかもしれないけれど、エレベーターのボタン
からプレステのコントローラーまで、現代人が操作するものは知
ってか知らでか、この理論の影響を受けている。そして、アフォ
ーダンスを無視したものは、ユーザーにとって使いづらく理解し

づらいものになりがちだ。例えば、某コンビニのコーヒーメーカーとかね。

そんなアフォーダンス理論の重要度は、この数年で一気に増すことになる。そう、スマートフォンの登場だ。

スマートフォンが、メディア業界や広告業界、そしてコンテンツに与えた最も大きな影響は何だろう？ 双方向性とかリアルタイム性とか、そんな小難しい話じゃない。
答えは手のひらの中に、誰もがカメラとスクリーンを持つようになったことだ。
有史以来、最も多くのカメラとスクリーンが存在する時代に僕らは今、生きている。
なぜ Instagram がこれほど世界で流行っているのかを逆に考えてみよう。もし、スマートフォンがない世の中だったら、Instagram は流行っただろうか？ と。誰もがカメラを持ち、生み出されたヴィジュアルを見るスクリーンがあるから、Instagram は成り立っている。Instagram の本質は写真共有SNS ではなく、誰かの人生をヴィジュアルで覗き見る場所だ。

世界はスマートフォンによって、急速にヴィジュアル化している。
食べログで君が最初に見るのは、長文のレビューだろうか？　い
や、店への評価をヴィジュアル化した星の数と、食べ物や店内の
写真だ。行けなかったフジロック現地の興奮は、誰かがブログで
丁寧にまとめる前に、Facebook のタイムライン上に写真や動画、
あるいはライブ配信というヴィジュアルの洪水となって流れてく
るのが夏の風物詩になった。

そんな圧倒的な現在（リアル）を横目に、インターネット黎明期
の頃からテキストサイトに慣れ親しんでいた大人たちは「いや、
テキストにはテキストの良さというものがあってだな」みたいな
カビの生えかけた言葉で諭してくる。
まずは、そのドヤ顔の鼻っ柱にカメラのレンズをめり込ませてや
ろう。

テキストが主体だった Twitter ですら、今や動画のプラットフォ
ームへと変わりつつある時代に、ヴィジュアル化を無視すること
は不可能だ。

Opening

僕は動画メディアの会社を 2014 年に立ち上げ、今も経営し続けている。
この本は、今注目を集める「動画」というテーマを軸に据え、ヴィジュアル化する世界で新しいコンテンツやメディアを作っていこうというチャレンジャーたちに武器を与えることを目的に書いたものだ。
動画や Instagram に代表される「なんだか、最近メディアとかコンテンツの形が変わったぞ」という違和感の根本にあるのが「ヴィジュアルストーリーテリング」だ。

きっと君は世の中に何かを発信したい人なのだろう。その何かを熱弁や長文じゃない方法で伝える技術を、僕はヴィジュアルストーリーテリングと呼んでいる。

これは魔法なんかじゃないから誰でも使える。

ヴィジュアル化する世界の中で、メディアは数十年に 1 度の変革期にある。既得権益にあぐらをかいて、高齢者に最適化したコ

ンテンツばかりの世の中を変えてやろう。

歴史的な出来事が現在進行形で起きている中に、僕も君も生きているのだから。

この本には、ざっと5万5千字のテキストが書かれているが、同時に結構な量の図や写真（つまりヴィジュアル）が出てくるし、見てほしい動画のURLもたくさん載せている。

つまりこの本そのものがヴィジュアルストーリーテリングだ。だから、せっかくのヴィジュアルが見やすいように電子書籍で買うより、紙の本で買うことをオススメするぜ。

よし、前置きはここまでにして、いよいよ物語（ストーリー）を始めよう。

準備はできたかい？

Contents

Opening
"SUMMERTIME BLUES"

1

8 ヴィジュアル化する世界

Chapter 1
ようこそ、ヴィジュアルストーリーテリングの世界へ

17

21 動画のファーストウェーブ→セカンドウェーブ→サードウェーブ

30 徹底解説！ 料理動画はこう作れ！

41 勘違い動画クソ野郎

46 映像文法の発明者

53 映像と動画の違い

71 Information Per Time

74 動画産業革命

81 映像文法まとめ

Chapter 2
五年後の世界

87

91 エジソン的回帰

96 ポスト東京オリンピック時代／5G・8K

102 ガラパゴス日本のテレビ業界

109 Content is King

113 再生回数と視聴率の謎

121 時間のセグメントが変わった

125 スマートフォンによって価値が再発見された映画

Chapter 3
スタイルを売れ、国境を越えろ

131

- 135 海の向こうで革命が始まる
- 141 MCN、そしてデジタルスタジオ
- 148 世界観をヴィジュアライズせよ
- 151 思想なきクリエイティブはオシャレなカラオケビデオ
- 153 誰がために動画はある?
- 156 漫画の可能性
- 160 ONE MEDIAの挑戦

Chapter 4
若者よ、クリエイターになれ

167

- 171 これからの仕事はすべてヴィジュアルが求められる
- 175 クリエイター黄金時代／既得権をぶっ壊せ
- 180 エンゲージメントだけを追求しろ
- 184 プラットフォーム×スタイル×エンゲージメント＝マネタイズ
- 190 トップ1パーセントのクリエイターになるには

- 195 **ONE MEDIA 完全動画マニュアル**

Ending
"FILMMAKING IS A SPORT"

213

- 220 SPECIAL THANKS

Chapter

1

ようこそ、
ヴィジュアルストーリーテリング
の世界へ

Chapter 1

2017年の夏のことだった。

渋谷の長い坂を上がる途中のコメダ珈琲店、2階の居心地のいい
ボックス席。そこで必死の形相で女性を口説いているロン毛の男
がいる。僕だ。

口説かれている女性は、疋田万理。後に ONE MEDIA の編集長
となる人物だ。口説くといっても、男女のソレではなく仕事のオ
ファーだから安心してくれ。彼女が HUFFPOST にいる頃から、
僕は彼女にラブコールを送り続けていた。僕が「動画がすげえい
いんだけど、誰が作ってるんですか?」って HUFFPOST の
Facebook ページに直接メッセージをしたのがきっかけだ。彼女
から直接返事が戻ってきた。たった一人で全部作ってると聞いた
時は、正直、天才だと思ったね。

その後、彼女は C CHANNEL に転職。もう一緒に働ける可能性
はなくなりかけていた。でも往生際の悪い僕は諦めなかった。1
年後、再び話すチャンスが来た。必死に語り尽くした後に、僕の
言葉に対して疋田はこう言った。

19

「ガクトさん、私はやっぱりコンテンツを作りたい、ニュースに興味のない若者に知ってほしいことがたくさんあるんだ」

One story can change one's day, one's life & one's world.
あなたの1日、人生、そして世界観を揺さぶるような体験を。

ONE MEDIA のタグラインが生まれた瞬間だ。こうやって人と人は出会い、クリエイティブな化学反応が新しい潮流を作る。最高にエキサイティングな瞬間だ。

Chapter 1

動画のファーストウェーブ→
セカンドウェーブ→サードウェーブ

君が最後に動画を観たのはいつだろう?

昨日? 今日? いや、5分前かもしれないね。いずれにせよ、今は動画時代の真っ只中にある。

だからヴィジュアルストーリーテリングの話をする前に、外せないのが動画の話だ。

まずは動画の歴史をひもとくところから始めていこう。

動画(Video)というキーワードが、世界的に大きく注目を集めるようになったのはいつからだろう? それを知るためには、時計の針を2005年まで戻す必要がある。

この年、後世を揺るがす歴史的なウェブサイトが登場した。

それまでWindows Media PlayerやQuickTime、あるいはRealPlayer(マジで10年ぶりにこの言葉を思い出した)を使って個人のPC上で再生することしかできなかった映像ファイル。なんとそれをアップロードするだけで、ブラウザ上で映像を観る

ことまでできてしまう革命的存在。

そう、お察しの通りサイトの名前は「YouTube」だ。今や世界中のユーザーが1日におよそ10億時間視聴するプラットフォームに成長している。

そんな YouTube だけど、ホントに最初の頃は、今みたいにゲーム実況やミュージックビデオはおろか、ドラマやアニメの違法アップロードすらもなく、ユーザーが自分でアップしたビデオばかりが並んでいるサイトだった。本当だよ。

この動画を観てほしい。

『Me at the zoo』

とある男性がサンディエゴの動物園で象の前に立ち、オチのない話をしている18秒の映像だよ、って説明をすると全然観る気湧かないと思う。

でも、これが YouTube で、最初にアップロードされた動画だって知ったらどうする？

Chapter 1

> 検索ワード「Me at the zoo」
> https://www.youtube.com/watch?v=jNQXAC9IVRw

よし、君は素直に動画を観てくれた、と信じて話を進めるぞ。

彼の名は、ジョード・カリム。YouTube 創業メンバーだ。
非常に重要な歴史的事実として、彼が「カメラの前で、一人で何
かを話す様子を、世界に向けて自分でアップロードする」という
行為を最初にした人間、つまり元祖 YouTuber ということにな
るね。

その後、ご存じの通り YouTube は爆発的に成長し、いつの間に
かインターネットを経由して観る「映像」は「動画」と呼ぶ世の
中になっていった。

そして 2014 年、それまで一部の YouTube のユーザーにしか知
られていなかった YouTuber という言葉が世間でブレイクする
ことになる。

「好きなことで、生きていく」

君はこのフレーズに聞き覚えがあるだろ？　駅のポスターで、ス
クランブル交差点のビルの上で、そしてテレビCMで、この挑
発的ともいえるフレーズとセットで、まだクラスメイトが知らな
いスターの存在を君は知ったはずだ。

検索ワード「好きなことで、生きていく − YouTube」
https://www.youtube.com/watch?v=fIhLHQ2tXQM

YouTube が誕生した 2005 年から、YouTuber の生み出す新し
いヴィジュアルが日本中を席巻した 2014 年までのおよそ 10 年
間。

僕はこれを動画の「ファーストウェーブ」って呼んでいる。

ファーストウェーブって、コーヒーみたいでしょ？　実は動画の
歴史はコーヒーカルチャーの変遷にたとえるとわかりやすくなる。
コーヒーカルチャーにおけるファーストウェーブは、日本のオー
ルドスクールな喫茶店スタイルってことになる。店主が、こだわ
りの一杯をカウンターに座るお客さんの目の前で淹れるスタイル
だ。喫茶店経営で大事なのは、すぐに人気が出なくても非効率で

Chapter 1

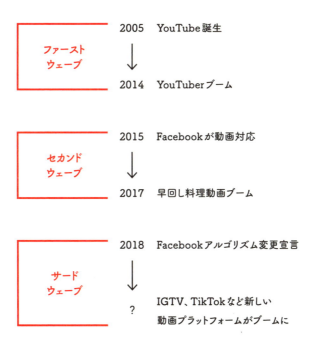

も自分が好きなスタイルを大事にすること、古くからの常連を大事にすること、そして、通いやすいように毎日店を開けること。それって、グローバルでも日本でも変わらない YouTuber の秘訣そのものだよね。

それぞれの YouTuber が、自分が好きなことの動画を視聴者と近い距離感で撮る、ファンとのコメントのやりとりも欠かさない、そして毎日必ず配信する。

自分だけのお気に入りの喫茶店を探すように、お気に入りの YouTuber を見つけたら毎日観てしまう。毎日動画を観ると、どんどん好きになるし、人に教えたくなる。ちなみに僕が一番好きな YouTuber はケイシー・ネイスタットだ。

「この店でコーヒーが飲みたい（この YouTuber の動画が観たい)」

そういう確固たる目的があって、動画を観に行くのがファーストウェーブの特徴だ。

そんなファーストウェーブは当然のことながら、YouTube が主戦場になった。動画といえば YouTube を誰もが想起する世の中

Chapter 1

で、YouTube は巨大な動画の検索エンジンになった。

「検索」というイデオロギーに対抗する存在が、Facebook だ。
ユーザーがそれぞれのフィードに流れてくるコンテンツに偶然出
会うことが Facebook の特徴だ。検索を介さないコンテンツと
の出会いに、動画が組み合わさったことで「セカンドウェーブ」
が爆誕したのが 2015 年のことだった。
わざわざ爆誕なんて言葉を僕に使わせるくらいだから、その勢い
は今思い返しても本当にヤバかった。

どうヤバいのか、ちょっと説明させてくれ。再びコーヒーカルチ
ャーにたとえていうなら、セカンドウェーブは君も大好きなスタ
ーバックスだ。

前提として検索には目的が必要だから、そもそも観たいと思う動
画や人がいないと成り立たない。一方、Facebook のフィードに
目的を持って訪れる人なんていないけど、誰もがちょっとした時
間を埋めるために、1 日に何度もフィードを開く。
それはまさに、渋谷駅や新宿駅のような場所だ。どちらも 1 日

あたり 300 万人以上が乗り降りするターミナル駅。そんな好立地に必ず出店しているのがスターバックスだよね。

ターミナル駅に出店するには、それなりの資金力や体制が必要になる。Facebook においてもそれは同じことだ。たくさんの人のフィードに動画を露出するにはそれなりの金額の広告出稿が必要になるし、ものすごいスピードでスクロールされるフィードの中で存在感を出すためには 1 日 1 本の動画では足らず大量の動画コンテンツが必要だった。
それゆえにファーストウェーブの主役が 10 年近くかけてコツコツ地道にファンを積み重ねてきた YouTuber が中心だったのに対して、セカンドウェーブは新規参入の動画系スタートアップが主役になった。

スターバックスの魅力を一言で表現するなら「仕組み化による大量生産」だ。君の地元のスターバックスも、六本木のスターバックスも、基本的には一緒の味が楽しめる。
これはすごいことで、ファーストウェーブの喫茶店の場合、当たり前だけど店によって味が違うし、ハンドドリップで淹れるから

Chapter 1

スピードもまちまちだ。

YouTuber の動画がハンドドリップだとしたら、スタートアップ
系動画メディアの動画はまさにスターバックスのフラペチーノ的
とも言える。

可愛くて、口当たりが良くて、いいね！したくなる動画。

そんなフラペチーノ的な動画は天文学的な数が作られたが、その
中でも最も多いのは「料理の早回し動画」だ。ファーストウェー
ブの鍵が店主の魅力だった一方、セカンドウェーブの鍵は「仕組
み化」にある。

スターバックスはレジでオーダーしてからビバレッジを受け取る
ところまで、日本中どの店舗も同じ仕組みだ。まさに、これが大
量生産の最重要ポイント。早回し料理動画を撮ろうと思ったら、
こんな感じでやればいい。

29

徹底解説！　料理動画はこう作れ！

揃えるもの──①
真上にカメラを固定したテーブルセット
※カメラはDSLRが望ましい

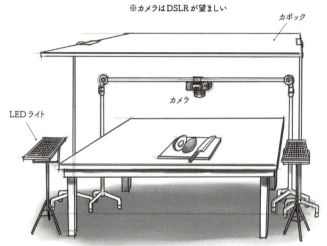

揃えるもの──②
**手際のいい
フードスタイリスト**

揃えるもの——③
料理の材料
※特に、チーズやアボカド、そして卵は欠かせない

揃えるもの——④
AdobeのPremiere Proをインストールしたパソコン
※WindowsでもMacでも可

作業ステップ 1

録画ボタンを押して、テーブルセットの範囲内でひたすら料理をする

作業ステップ 2

料理が完成したら、シズル感のあるショットを横とか斜め上から撮る

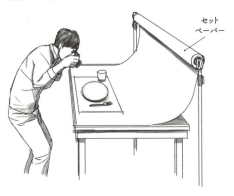

セットペーパー

作業ステップ 3

撮影した動画ファイルを Premiere に読み込む

カードリーダー
(CF カードまたは SD カード)

作業ステップ 4

料理の合間の不要な部分をどんどんカットする

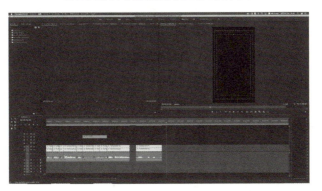

作業ステップ 5

残った部分を早回しになるように速度調整する

作業ステップ 6

**簡潔な言葉で
料理の手順のテロップを付ける**
※材料の分量や細かい説明は省く

作業ステップ 7

ステップ2で撮影したショットを最初の数秒に入れて、いい感じのタイトルを付ける

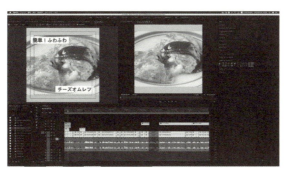

たった七つのステップで早回し料理動画はでき上がる。この仕組みを最初に開発したのは Tastemade というハリウッドの動画MCN だ。MCN についての説明はまた後ほどするから今は聞き流してもらって構わない。

彼らが発明した早回し料理動画のメソッドは、メイク動画やヘアアレンジ動画、DIY 動画などなど、様々なハウツー動画ジャンルへと枝分かれしていった。

そんなハウツー動画が量産されるのと並行して、別の仕組みも発見されてきた。例えば、キックスターター等のクラウドファンディングに上がっている映像をサマライズしてテロップを付ける動画とか、ロイター等の通信社の映像素材を使ったニュース動画とか。

こうなると、Facebook のフィード上には動画がこれでもか！というほど溢れてくる。

結果として Facebook のトラフィックのうち、70 パーセントが動画になるというニュースが 2016 年には出てくるようになる。

こうなると Facebook が第二の YouTube を狙っていることは明らかだった。

動画メディアも、YouTuber が稼いでいる膨大な広告収益が

Facebook でも得られるのでは？と期待してフォロワー数を増やすのに躍起になった。数億円規模のお金が Facebook のフォロワー増のために使われるのが当たり前になっていった。

しかし、2018 年の 1 月、新年早々とんでもない事件が起こる。

マーク・ザッカーバーグが Facebook のアルゴリズムを変えると宣言し、この方針変更によって、セカンドウェーブの動画はリーチが一気に減り始めた。

そうなると仕組み化によって量産された動画は Facebook に適応しすぎた恐竜のようなものだった。

同じ形式の動画が YouTube や Instagram、Twitter で受け入れられるわけではない。

世界中の動画メディアがこの変更をどう受け止めればいいのか混乱し、会社によっては Facebook に対して抗議までしていた。例えば、NowThis という分散型メディアの先駆者は、「自分たちのサイトは持たない」をスローガンにしていたにもかかわらず、この変更を受けて方針を切り替え今は自社サイトで動画を配信している。

一方、VICE、Vox Media、Refinery29 といった、ミレニアル世代に圧倒的に支持されているパブリッシャーは変更に対して慌てることもなく成長を続けている。

単純に Facebook 上で消費されるんじゃなく、自社サイトでも YouTube でも Twitter でも Instagram でも、それぞれの場所でファンがいるようなパブリッシャーは慌てていないってことだ。

つまり Facebook の方針変更は、「本物を残しますよ」というメッセージだった。

ただひたすらに再生回数を稼ぐような動画ではなくて、観た人が他の人に「この動画よかったよ」とコメントしたり、シェアしたり、いいね！したりすることをプラットフォームは求めている。

これが 2018 年から幕を開けた動画のサードウェーブだ。

なぜ、Blue Bottle Coffee は圧倒的な支持を受け、サードウェーブと言われる新しいコーヒーカルチャーを作ることができたのか？　それは、豆の生産から焙煎、そして最後のドリップに至るまでの徹底したクオリティの追求をベースに新しい価値観を生み出したからだ。

だから動画のサードウェーブ時代でも、高品質であることは当然として「動画コンテンツにする意味や価値があるのか」「エンゲージメントがある動画なのか」ということが問われるようになるはずだ。

セカンドウェーブの時代に主流だった本質的ではないテクニックがいくつかある。

例えば再生回数を増やすにはどうする？　Facebook では動画が3秒以上観られると再生回数1回とカウントされる。だから「3秒見せればいい」という単純な思考でいくつかのグロースハック（笑）が作られた。

例えば、男性向けの動画なら、セクシーな女性の足下から上半身へとだんだんカメラを上げていって「どんな顔なの？」とアテンションを取れば、それだけで3秒を簡単にキープできてしまう。でもちょっと考えてみてほしい。そんな再生回数1回（3秒）に商業的な価値やメディア的な価値はあるだろうか？　広告主もプラットフォームも「ない」と考えるのは必然の流れだと僕は思う。

だからこそ、本当に価値のある時間を提供できているメディアに、プラットフォームが寄り添おうとしているのがサードウェーブなのだ。

Facebook のアルゴリズム変更が発表される際、ザッカーバーグが書いていたことがある。それは「会話を生むこと」が最も重要だということ。人と人とのコミュニケーションの間で、そのコンテンツが有益なものになっているかどうか、だ。
それを実現できるようなコンテンツが、サードウェーブの時代には求められているのではないかと思う。

長くなったけど僕の経営する ONE MEDIA は、そんなサードウェーブの動画を追求する会社だ。ちなみに僕が会社を立ち上げたのは 2014 年のこと。日本はファーストウェーブがようやく到来した年のことだったから、時代とのギャップには本当に苦しめられた。そんな僕の思い出話に少しだけ付き合ってほしい。

Chapter 1

勘違い動画クソ野郎

2016年の秋のことだった。

会社はドン底で、仕事も金も人もあらゆるものが僕の前からなくなりかけていた。見栄はって借りた渋谷の ON THE CORNER の上にあるオシャレなオフィス。家賃はとてもじゃないけど支払い続けられる状況ではなく、最高に居心地が悪かった。

そんなオフィスの会議室で、創業期から一緒にやってきたメンバーに包み隠さず会社の状況について話した。

「このままだと3ヶ月以内に潰れる、社長としてはなんとかしようと思って動いているけど保証はできないから転職活動をするなら遠慮なくやってくれ、それでも給料は支払う」

今こうやって書いていても指先が震えるようなパンチラインだ。床に落ちているホコリが、やけに目に留まったのを今でも鮮明に覚えている。

こんなキツイことを昼間会社のメンバーに話して、精神的にボロボロになりながら家に帰ると、赤ん坊が大声で泣いている。そう、僕は半年前パパになったばかりだった。

ちょうどその頃、妻が友達と会うために僕が初めて息子と二人きりで留守番をする夜があった。僕個人は子育てに男女の役割分担はないと考えてはいたけど、いざやってみると赤ん坊をママの温もり抜きに寝かしつけることは本当に難しい。全世界の同じ境遇にいるパパのことを思いながら、ミルクを適温にしたり、オムツを替えたりしていたのだが、眠る時間になってもなかなか寝てくれない。赤ん坊は眠たいのにうまく寝られないと、泣く。

僕は『あまちゃん』のテーマ曲をハミングしながら息子を抱っこして、ひたすら家の中をリズミカルに動き続けた。それでも息子は泣きやまない。こんな時でも「会社大丈夫かな？」「一体どうすりゃいいんだろう？」みたいな思いが、寄せては返す波のように激しく僕の心をかき乱していた。

Chapter 1

全然泣きやまない息子を抱きしめながら、いつしか僕も泣いていた。口から蚊の鳴くような声が漏れていた。パパだって泣きたいよ、とかそんな言葉だったと思う。

「動画の未来を信じて会社をやってきたのに」

そう思って泣いた夜だった。

泣き疲れて寝てしまった息子をベッドに横たえながら、僕は静かに考えた。
子供をその腕に抱きながら涙を流すようなことは二度とご免だ。そう思うと、腹の底から力が湧いてきた。僕の心の火は、まだ消えてなかった。

まずはオフィスを移転した。創業期から応援してくれていたエンジェル投資家の方にお願いして、格安でオフィスを貸してもらった。恵比寿駅徒歩3分のマンションだった。

会社がヤバいかもしれないことを伝えた後だったのでメンバーは

半分くらいに減っていたけど、それでも会議室はおろか、僕の席すら作れない広さだった。

僕は逆に、一日中外を駆けずり回って営業に奔走した。恵比寿駅前のドトールコーヒーと麻布珈琲が僕らの会議室になった。3ヶ月間、身体から火を噴くように働き続けた。

半分の人数になって恵比寿に引っ越してきたはずの僕らは、年末には元の人数に戻っていた。

2017年1月、渋谷のNHK裏にあるシェアオフィスに引っ越した。冬の冷たいみぞれ混じりの雨が降る日のことだ。僕は創業期から一緒にやってきた仲間の斎藤省平とセンター街を歩いていた。そんな時に、突然それはやってきたんだ。動画の本質ってやつが。

冷静に考えれば、僕はその瞬間まで動画というものを正しく理解していなかった。まるで雰囲気で動画をやっていたようなものだ。僕は自分の頭の中に降りてきた動画論を斎藤に早口でまくし立て始めた。すると彼も偶然とは思えないくらいに同じ考えに行き着いていた。

君は「1万時間の法則」を知っているかい？

マルコム・グラッドウェルが各分野の一流と呼ばれている人を研究した結果、スポーツでも芸術でもビジネスでもプロフェッショナルレベルになるためには1万時間の積み重ねが必要だという法則だ。1日3時間ならば、10年。しかし、僕らはスタートアップだ。1日12時間、動画のことを考え続けてきた。僕らは創業から2年半で、この1万時間の積み上げを終えようとしていたのだ。斎藤は『テラスハウス』を作っているテレビ制作会社で新卒から6年間働いた経験がある。テレビ映像というジャンルにおいては間違いなく斎藤はプロだった。でも映像と動画は違った。違うものだったんだというシンプルな真理に僕らは到達した。ゼロから動画を始めて、2年半。僕らはこの日、やっと動画のプロになれたんだ。

映像と動画。この二つの日本語に僕は悩み、苦しみ、そして救われてきた。ヴィジュアルストーリーテリングの世界への扉を開く鍵になるのが、映像と動画の「違い」だ。

君はどんな時に映像という言葉を使い、どんな時に動画という言葉を使う？　世間が「動画ブーム」「動画の時代」と騒ぎ立てる度に、君は疑問に思うことはなかったかい？

Netflix は動画なのか？　ライブ配信は動画なのか？　それぞれ違うものなのに、なんとなくインターネットが絡んでいると、とにかく「動画」で一括りにされている。誰も正確な定義をもって「これは映像」「これは動画」なんて言葉を選んでいるわけではない。動画というフレーズを言っておけば、それっぽく見える。動画がブームだから、とりあえず動画系って言っておく。そんな奴らばっかりだった。本当に全くもってクソな世の中だ。でも会社を潰しかけた僕もまた、明確に動画のことを説明できていなかったし、理解すらもしていなかった。そう、僕も世の中の勘違いだらけのクソ野郎と大して変わらなかったわけだ。

映像文法の発明者

映像から動画へ。
その変革こそ、僕が解こうとしている「問い」だ。僕は、動画を信じている。いわば動画教の教祖だ。だから動画ってものの本質について、ちょっと語らせてほしい。君が今まで「動画」だと思っていたものは動画じゃないかもしれない。それくらい衝撃的な

Chapter 1

話から、このジャーニーを始めよう。

「世界で最初の映画は何か知っているかい？」

これは僕が面接でよくする質問だ。
答えはリュミエール兄弟の作った『工場の出口』だ。

工場から出てくる労働者たちの姿を映したこの作品が、世界で最初の人間が演技をしている映像作品（つまり映画）ということになる。
しかし『工場の出口』はマジでつまらない。

ワンショット、ワンカメラ。
今の僕らからすると、冗長な記録映像にしか見えない。

そんなつまらない映画を変えた天才がいる。
デヴィッド・ウォーク・グリフィス。

僕の好きな映画監督は、スティーブン・スピルバーグ、ジョー

Chapter 1

ジ・ルーカス、クリストファー・ノーラン。そんな映画史に燦然
と輝く「良い」監督はたくさんいるが、グリフィスのような「天
才」は彼が最初で最後なのではないかと思う。

モンタージュ
クロスカッティング
クロースアップ
フラッシュバック
フェードイン・アウト
アイリスイン・アウト
ポイントオブビュー
イマジナリーライン
※章末で詳しく解説

これが彼が作り出した映像文法の数々だ。現代映像の基本中の基
本を、彼がほとんど生み出した。まさにイノベーターだ。
しかし、彼のメソッドを有効に使った作品が現れるまでは長い時
間がかかった。彼自身、それを十分に活用していたとはいえない。
それにはリュミエール兄弟が人類最初の映画を作ってからおよそ

Chapter I

100 年近い時を待つ必要があった。

それを成し遂げたのは、フランシス・フォード・コッポラ。彼は
『ゴッドファーザー』という作品のクライマックスで、グリフィ
スの生み出したクロスカッティングを映画史上初めて有効に使っ
たと言われている。
映画を、芸術とエンターテインメントの交わる高いポイントに到
達させた『ゴッドファーザー』は、映画好きを名乗る人がドヤ顔
で語りたがる作品ナンバーワンと言ってもいい。

『ゴッドファーザー』のクライマックスは、こんな感じだ。
生命の誕生の象徴である洗礼式のシーン。そして、生命の終わり
を告げる暗殺のシーン。クロスカッティングによりこの二つのシ
ーンを細かく交互に見せることで、同時進行でそれが起こってい
ることを表現している。
21 世紀に生きる僕らは、そのシーンを観て「あぁなるほど、ゴ
ッドファーザーという存在は人の生命の誕生と終わりを 司 る、
そういうすごい存在なんだな」と映画の深いテーマを感じて
Twitter に書いちゃったりするわけだ。

51

ところが1972年当時、劇場で『ゴッドファーザー』を観た観客の反応はこうだった。

「なんだか場面が行ったり来たりして、何が起こっているかよくわからない」

実に観客の半分が、テーマを理解するどころか「同時進行でそれが起こっている」ということすら理解しなかった。
ではなぜ、僕らはコッポラが表現したかったテーマを容易に理解できるのだろうか？

それは僕らが小さい頃からそういう映画を観て育っているからだ。

映画は、日本語や英語、中国語、スペイン語と同じ、一つの言語。
スピルバーグはかつてこんなことを言っていた。

「映画は言葉の壁を越えるんだ、映画という共通言語を使えば、みんなが一つの絆で結ばれる！」

スピルバーグが示す共通言語としての映画。その基礎には間違いなく、グリフィスの映像文法がある。
そして、今日も新しい映像文法は生み出され続けている。

映像と動画の違い

これまでの話をまとめると映像文法が更新され続けることで、映像は進化してきた。
一方、映像を映すスクリーン自体も、誕生してからずっと、大きくなる方向に発展し続けている。

リュミエール兄弟の時代、映画館のスクリーンサイズは縦 3.5 メートル、横 4.5 メートルほどの大きさしかなかった。
僕が一番好きな TOHO シネマズ六本木ヒルズ、SCREEN 7 のサイズは縦 8.4 メートル、横 20.2 メートルだ。

これは面積に直すと、15.75 平方メートルが 169.68 平方メートルになったということで、実に 10 倍以上の大きさに広がって

いることがわかる。

昔に比べて、VFXを駆使したスーパーヒーロー系の映画がヒットするようになったのは大画面化に伴い迫力が段違いにパワーアップしたことが大きいのではないだろうか。

テレビも同様に、ブラウン管の時代に比べると同じような比率で大型化している。だからテレビ番組も画面の大型化に合わせて、その内容を変えてきた。

例えば『アメトーーク!』という番組は、大勢の芸人をひな壇に座らせる「ひな壇芸人」というスタイルを生み出したことで有名だ。でも、地上アナログ放送時代の同番組には「ひな壇芸人」が存在しなかった。

あれは地上デジタル放送に切り替わり、家庭のテレビが高解像度かつ大型化した結果、芸人それぞれの個別の表情がわかるようになったから成立する群像劇のようなものなのだ。これも一種の新しい映像文法と言っていい。

Chapter 1

こんな風に、大型化の方向にしか発展してこなかった映像のスクリーンとコンテンツの作り方に「ちょっと待った！」をかけた世界的大事件が 2007 年に起こる。

iPhone の誕生だ。
僕はこの瞬間に「動画」が誕生したと考えている。

こういうことを言うとすぐに、
「やっぱりスマホだから動画なんだ」
「スマホで観る映像が動画ってことだろ」
というリアクションを返す人がいる。

おいおいちょっと待ってくれ。ここで一つ、クイズを出そう。
僕が大好きな『テラスハウス』についてだ。

《 前 提 》

● 『テラスハウス』は
　もともとフジテレビが放送していた番組
● 地上波での放送終了後、
　Netflixによって再スタート
● Netflixでの配信後、地上波でも後追いで放送

《 問 題 》

　『テラスハウス』を以下のシチュエーションで観た場合、映像と動画、どちらになるかを答えてください。

① スマートフォンのNetflixアプリで観た場合
② 地上波のテレビで観た場合
③ クロームキャスト等を使ってNetflixを
　テレビで観た場合

こうやって質問するとそれぞれのケースで、映像と動画という回答が入り混じっている人が多いと思う。でもおかしい話じゃないか？

同じコンテンツなのに、観るシチュエーションやデバイスによって、映像か動画かが変わってしまうなんて、その基準があやふやな証拠だ。

そんなことで「動画が熱い」「動画を作ろう」とか言っても、ゴールが見えてないのに走り出すようなものだ。かつての僕がそうだったように。

左の問題のようなケースでも全くブレない、確固たる軸が必要だ。

僕は『テラスハウス』をいかなるシチュエーションでも「映像」だと考える。今からその理由をひもといていこうと思う。

スマートフォンによって、映像の進化が画面が小さくなる方向に反転した。これによって、何が変化したのかが鍵になる。

本質は画面が小さくなったことではない。

画面が小さくなったことによって「人と映像の間に何が起きたのか？」を考える必要がある。

スマートフォンという映像コンテンツを楽しめるデバイスが現れ
て、人類はテレビ以来の新しいスクリーンを獲得した。
しかし、それは裏を返せば人類がそこに流し込めるコンテンツは
テレビのものしかない、ということでもあったのだ。

かつてドコモが「NOTTV」というサービスをやって、886億円
の赤字を積んで撤退したことがあった。フジテレビを含む9チ
ャンネルのテレビ番組や映画が楽しめる、という一大事業はなぜ
失敗してしまったのだろうか?
それは、先ほどの『アメトーーク!』のような「大きな画面で時
間をかけて観る」ことに最適化したテレビ番組や映画を、スマー
トフォンで見せようとしたからだ。

スマートフォンは、ただ画面を小さくしただけじゃない。
人間が映像コンテンツに触れる時間のセグメントを細かくしたこ
とが、スマートフォンがもたらした最も大きなインパクトだ。

あと5分で家を出ないといけないのに、『情熱大陸』を観る人間

はいない。あの番組は、日曜の夜に「明日から仕事か、あーだりいな、そうだ、『情熱大陸』観てやる気もらうか」とかつぶやきながら、アサヒビールを冷蔵庫から取り出しソファーに腰掛けて観るものだ。

でもスマートフォンは違う。
ランチが出てくるまでの間の5分。トイレに腰掛けている間の3分。電車を乗り換える間の1分。
そんな細かいスキマ時間の中で、コンテンツに触れる。
テレビ番組のような大きい画面で時間をかけて観ることが前提のコンテンツは、スキマ時間に楽しめない。

もし『情熱大陸』を最初の1分間だけ観ても、画面に映っているのは出演者の後ろ姿だけかもしれない。
貴重なスキマ時間に、誰のドキュメンタリーなのかわからないコンテンツでは、人はたった1分の時間すら使ってくれない。

つまり映像と動画の時間軸は、異なったものなんだ。
映像の時間軸を文字で表現するならこんな感じかな？

動画元年が

Chapter 1

動画元年が

動画元年が

ついに始まる

Chapter 1

動画元年が

ついに始まる

動画元年が

ついに始まる

ONE. MEDIA

Chapter 1

動画元年が

ついに始まる

ONE.MEDIA

動画元年が

ついに始まる

ONE. MEDIA

Chapter 1

動画元年が

ついに始まる

ONE.MEDIA

動画元年が

ついに始まる

ONE. MEDIA

Chapter 1

一方、動画はこんな感じだ。

動画元年が
ついに始まる
ONE. MEDIA

映像なら9ページかかっているところを、動画ならたったの1
ページで表現することができた。

ここに時間軸に対する圧倒的な「情報の凝縮」がある。
この情報の凝縮こそが、動画を動画たらしめるポイントだ。

Information Per Time

この「情報の凝縮」を真っ先に体現したクリエイターたちがいる。
それがYouTuberだ。

YouTuberが生み出した文法の一つに「ジャンプカット」という
ものがある。会話の間を極端に編集で削ぎ落とすやり方だ。
例えばフジロックについて話すと普通はこういう感じだ。

「はい！　今日はなんと、フジロックフェスティバルにやってき
ました！　えー、現地はとても晴れていてですね、たくさんのフ
ジロッカーたちが楽しんでいますね、えっと、色んな人とね、乾
杯できれば嬉しいです！」

これをジャンプカットで編集するとこうなる。

「今日はフジロックフェスティバルにやってきました！　現地は
とても晴れていて、たくさんのフジロッカーたちが楽しんでいま
す、色んな人と乾杯できれば嬉しい！」

ちょっと極端かもしれないけど、23字分に相当する言葉や間を
削っている。でも情報として伝えたい部分に欠落はない。これが
「情報の凝縮」だ。

YouTuber のファン、特に小さい頃から夢中になっている小学生
や中学生は、テレビ番組を観ていると「かったるい」「CM また
ぎで同じこと繰り返すのがいやだ」「何で最初から再生されない
の？」というようなことを言うそうだ。
これは時間に対する情報量が濃いものを若年層が求めているとい
うことを示唆している。

この本では、その尺度を「Information Per Time ＝ IPT」と呼ぶ

ことにする。

IPT が薄いコンテンツを、若年層は忌避する。この流れは、何も映像に限った話ではなくて音楽や雑誌、漫画、あらゆるところで発生している現象だ。

例えば音楽でいうと、EDM でひもといていくとわかりやすい。ボブ・ディランの時代の音楽はいわば味噌汁のようなシンプルな中に味わいがあるものだったが、EDM は音の密度や、音圧の強さ、展開の豊富さによってそれまでのどんな音楽よりも「ブチ上がれる」ものになっている。

それは「音楽は演奏するもの」という固定観念すら破壊し、70年代や 80 年代の名曲はサンプリングのネタ元へとポジションを変えさせられた。音楽プロデューサーのヒャダインこと前山田健一も「若年層は曲を聞くことにすらすぐに飽きてしまうから、作曲の際になるべく多くの展開が入るように調整する」と過去に発言していた。

従来のテレビ番組が基本的には「テレビで放送すること」を絶対的な基準にして作っているということを考えると、IPT が濃いコ

ンテンツは非常に作りづらい。テレビは番組の途中から観る人も
いるだろうし、CMの間にトイレに行く人もいるだろう。だから
CMまたぎにはCM前と同じフッテージを入れる。また観る人も
子供からお年寄りまで様々だ。だから、会話はゆっくりとわかり
やすくせざるを得ない。結果としてIPTは薄くなり、YouTube
世代にはこれが我慢できない。

しかも、テレビ番組における最も優先されるKPIは「視聴率」
だ。テレビで視聴率を取るためには、40代以上の支持が絶対に
必要になる。そしてIPTが濃いコンテンツに「ついていけてな
い」のも40代以上なのだ。

こうして、テレビは若年層からどんどん離れたものになっていく。

動画産業革命

さて、改めて言おう。
映像から動画への変革において、最も重要なポイントは「情報の
凝縮」にある。

YouTuber が生み出したジャンプカット。

Tastemade が生み出した早回し料理動画。

いずれも、従来映像が持っていた時間軸を圧縮して、短い時間の中に多くの情報を詰め込むことで新しい視聴体験を生み出している。これがいわば、動画の本質を捉える鍵だ。

動画＝情報の凝縮がある映像コンテンツ

その映像が動画であるかどうかは

Information Per Time ＝ IPT

によって測られる。

なぜ、IPT が高いものがスマートフォンやデジタルサイネージで好まれるか？　それは時間の価値で捉えていくとわかりやすい。

映画やテレビ番組を楽しむ時は、あらかじめ時間をそのコンテンツに使おう、と思っている。

映画なら 2 時間、テレビ番組なら 30 分以上、そういう心構えをして観ているものだ。一方、動画はあらゆるスキマ時間に偶然出会うものだ。30 分の中の 1 分ではない。1 分半の中の 1 分だ。

Information Per Time = IPT

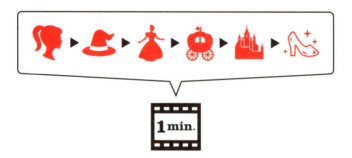

Chapter 1

映像を観る1分と、動画を観る1分の価値は等価ではない。
おそろしく貴重な1分なのだ。

その1分を奪い合うライバルも強力だ。
彼氏からのLINE。気になるあの子のInstagram。買えなかった
スニーカーをメルカリで探す時間も必要だ。

プロや素人が入り乱れてものすごい量のコンテンツを作る時代。
そんなコンテンツの洪水を見逃さないために、誰もがスマートフ
ォンの小さい画面にかじりついている。

テレビは「ただいまからいってきますまで」の在宅限定メディア
だったが、スマートフォンは「おはようからおやすみまで」の
24/7で接触するメディアだ。

朝起きて、君が最初に見るのはスマートフォン。

リビングのスマートスピーカーが今日の天気予報を教えてくれる。

電車のデジタルサイネージで君は新しい冷蔵庫の発売を知る。

仕事中にフィードに流れてきた可愛い犬の動画に思わず観入ってしまう。

ランチタイム、同僚の話を聞きながらも君はソーシャルメディアのチェックに余念がない。

家に着いたら、スマートスピーカーに君はこう話しかける。

「Netflix で『テラスハウス』が観たい」

テレビを消して、お風呂に入り、寝る前に君が最後に見るのはもちろん、スマートフォンだ。

スマートフォンが人間の生活を非可逆的に変えてしまった。テレビが主役だった時代の生活習慣はもう存在しない。映像から動画への変革は、こうした新しい時代の要請によって生まれたものだと僕は考えている。

いつも、革命は時代が要請するものだ。

かつて、ヘンリー・フォードがこう言った。

Chapter 1

"If I had asked people what they wanted, they would have said faster horses."

「もし顧客に、彼らの望むものを聞いていたら、彼らはもっと速い馬が欲しいと答えていただろう」

人々が本質的に求めていたのは、速い馬車ではない。速い移動手段だ。だが、自動車を知らない人にその選択肢を想像することはできないだろう。

同様に動画について明確なイメージを視聴者の誰も持っていない。それどころかポストスマートフォン時代に訪れた動画の重要性に、映像業界にいるプロの大人たちすらも、まだ気づいていない。この時代の要請に気づいているのは、僕らだけなんだ。

今から数年後、具体的には 5G と 8K が普及するタイミングで、映像と動画のバランスが逆転する。僕はそれを動画産業革命と呼んでいる。なんだかワクワクしてこないかい？　この 50 年、テレビはメディアの王様だった。それ

がひっくり返る瞬間だ。その時、時代の要請に応えるコンテンツを誰よりも早く届ける存在に ONE MEDIA はなりたいと思っている。

さて、僕がこの本で伝えたいことを改めて確認しよう。この Chapter 1 では、動画の歴史と、映像と動画の違いについて解説してきた。
次の Chapter 2 では動画産業革命につながる様々な環境変化を解説していく。さらに、Chapter 3 では世界の最先端動画メディアを軸にこれからコンテンツに何が求められるようになっていくのかをひもとこう。Chapter 4 では、IPT が高いコンテンツ（つまり動画）を作るための考え方やハウツーマニュアル、そして何よりも大事な君へのメッセージを書いてある。

さあ、再生を続けよう。

映像文法まとめ

【モンタージュ】

主に、異なる場面の映像を組み合わせる編集技法の総称。前の映像と空間、時間、もしくはその両方が異なる映像をつなぐことによって、一つの映像では生み出せない意味を作り出す。

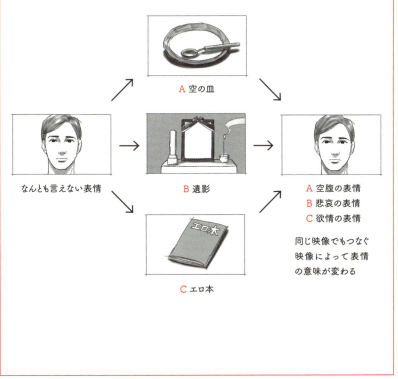

【クロスカッティング】

二つ以上の場面を交互に切り替える編集技法。主に、同一時間軸で展開する異なる二つの場面を交互に切り替えることで、テンポの加速や意味の対比といった特定の効果を作り出す。

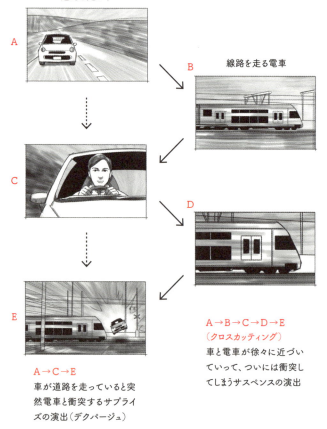

A→C→E
車が道路を走っていると突然電車と衝突するサプライズの演出（デクパージュ）

A→B→C→D→E
（クロスカッティング）
車と電車が徐々に近づいていって、ついには衝突してしまうサスペンスの演出

【クロースアップ】

画面内の被写体のサイズが大きい映像の呼称。主に、望遠レンズを使ったりカメラを近づけたりして被写体を大きく映し出すことによって、人物の表情や物体のディテール等を強調する際に用いられる。

ワイド

クロースアップ

【フラッシュバック】

現在の場面から切り替え過去の出来事を見せる編集技法。主に、登場人物が回想する場面に用いられる。

現在

過去（回想）

現在

【フェードイン・アウト】

場面転換に用いられる編集技法の一つ。「フェードイン」は通常、黒い画面から徐々に映像が現れることで、場面を開始する際に用いられる。「フェードアウト」は通常、映像が徐々に黒い画面に切り替わることで、場面を終了する際に用いられる。

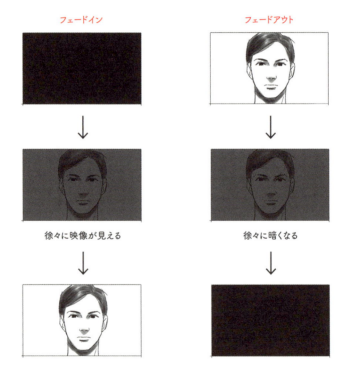

Film Grammar

【アイリスイン・アウト】

場面転換に用いられる編集技法の一つ。「アイリスイン」は通常、黒い画面から映像が円形に開き画面全体を覆うことで、場面を開始する際に用いられる。「アイリスアウト」は通常、映像上に黒い画面が円形に閉じ画面全体を覆うことで、場面を終了する際に用いられる。

アイリスイン

アイリスアウト

映像が円形に開く

黒い画面が円形に閉じる

Film Grammar

【ポイントオブビュー（POV）】

主に、登場人物の視点から撮影された映像の呼称。登場人物の視界を見せる際に用いられる。

三人称視点

登場人物の視点（POV）

【イマジナリーライン】

主に、複数のカメラで登場人物の会話等を撮影する際に用いられる規則。一方の人物ともう一方の人物を架空の直線で結び、その線を軸とした片側にのみカメラを配置することで、画面内の左右の位置関係を固定し、観客が人物の位置関係を把握しやすくする。その際の架空の直線をイマジナリーラインと呼ぶ。

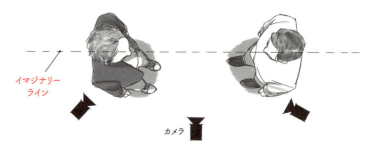

イマジナリーラインを軸とした片側にのみカメラを配置する

Chapter

2

五年後の
世界

Chapter 2

2016年の夏のことだった。

ウクライナの首都キエフからおよそ400km離れた辺境、鬱蒼（うっそう）とした森の中、全力で野犬と戦う男がいる。僕だ。

日本から飛行機で15時間、さらに車に揺られること5時間、合計で20時間もかけて僕とディレクターの常世田介（とこよ だかい）はある場所で撮影をしていた。「恋のトンネル」と言われるその場所はインスタで超人気。正直、この苦労を引き換えに「いいね！」を欲しがる人は生粋のインスタグラマーだと思う。僕は仕事じゃなきゃ絶対ここには来なかっただろう。

さて、ボロボロになりながらようやく辿（たど）り着いた「恋のトンネル」にはなんと野犬の群れがうようよしていた。漫画『銀牙―流れ星　銀―』を思い出すような光景だ。通常の撮影であればカメラのフレーム外に追いやればそれでいいが、あいにくこの時は360度動画の撮影だった。VRデバイスを通して楽しむ360度動画には文字通り死角がない。撮影を仕切る常世田が僕にこう言った。

89

「ガクトさん、とりあえず犬を見えないところまで追いやりましょう」

並みいる動画系スタートアップの CEO の中で野犬を追いやったことがあるのは間違いなく僕だけだろう。おっと、常世田が激しい痛みを訴えている。どうやらマダニに噛まれたらしい。
やれやれ、全くもってコンテンツを作るってのはハードコアな仕事だな。

Chapter 2

エジソン的回帰

先ほど引用した『工場の出口』を作ったリュミエール兄弟の話を
させてくれ。彼らは、そもそもどうして人類初の映画監督になる
ことができたんだろう？
答えはシンプルだ。彼ら自身が現代にも使われ続ける映画の方式
「シネマトグラフ」を発明した張本人だからだ。
さて、ここからの話が少しややこしいんだけど実は僕らが今こう
やって映画と呼んでいるものは、正確に表現するとシネマトグラ
フという映画の一つの方式にすぎない。
言い換えると、映画＝シネマトグラフではなく、映画の方式がい
くつかある中の一つがシネマトグラフなのだ。
実はそんなシネマトグラフよりも先に、映画を発明した人がいる。
かの発明王、トーマス・エジソンである。

エジソンの作った映画の方式は「キネトスコープ」というものだ。
実はそもそもこのキネトスコープを体験したリュミエール兄弟の
父親が息子たちに「キネトスコープやべぇ、映画やべぇ」と興奮

キネトスコープ

小さいスクリーンを箱に組み込み、一人で覗いて観る

シネマトグラフ

大きい部屋に、大きいスクリーンを置いて、大勢で観る

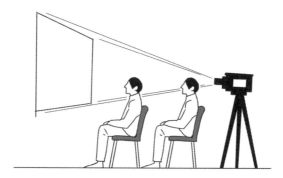

して伝えたことがシネマトグラフの発明につながっているそうだ。そんなキネトスコープとシネマトグラフはそもそも視聴体験の設計思想が大きく異なっている。

左の図を見てくれ。現代の映画館が、シネマトグラフの延長線上にあることがよくわかる。

映画評論家の山田宏一が著書『エジソン的回帰』で唱えたのは「大勢で見るスクリーンから、一人ひとりで見るビデオへ」というメッセージだった。つまりその時は、テレビ＋ビデオデッキをキネトスコープ方式に見立てていたわけだ。しかし僕は今、本当のエジソン的回帰が起こりつつあると感じている。その理由はもちろんスマートフォンだ。

家のリビングに置かれたテレビは今となってはシネマトグラフ寄りの視聴体験だ。山田氏が本を書いた 1997 年当時は、確かにテレビで観るビデオ（ビデオデッキで再生する映画）は、キネトスコープっぽい体験ではあるが、部屋という空間の中に置かれたテレビを観る構造はシネマトグラフ方式のダウンサイジングにすぎない。

一方、スマートフォンと自分の顔の位置は、テレビのそれと比べるとものすごく近い。スクリーンと自分との距離の近さ、それがもたらす没入感こそがキネトスコープ的体験そのものだ。今、勃興の兆しがある VR デバイスは、さらにキネトスコープ的だと言っていい。

シネマトグラフとキネトスコープ、デバイスの特性がこれからのコンテンツにどんな影響を生むのか考えてみよう。
シネマトグラフ方式の「大勢で観る」という指向性と、キネトスコープ方式の「一人で観る」という指向性の違いが最も重要なポイントになってくる。
「大勢で観る」ことはつまり、皆で同じものを観て盛り上がれるようなコンテンツと相性がいい。2018 年にヒットした『カメラを止めるな！』は劇場内で爆笑や拍手が起きるほど盛り上がった。その体験をソーシャルメディアに投稿する人がたくさん現れたことをきっかけに、マスメディアにも取り上げられて観客動員数が伸びていった。これはシネマトグラフ方式とコンテンツが合致している好例だ。

一方「一人で観る」コンテンツの代表格はアダルトビデオだろう。数あるVRコンテンツの中で現在最も成長しているのがVRデバイス対応のアダルトビデオであることがその証明だ。キネトスコープ方式は一人で観て自己完結して楽しむ制約はあるものの、その分、視聴者とコンテンツとの体験の結びつきは強くなる。

一人で楽しむメディアとして、忘れてはならないのがラジオの存在だ。「テレビの前のみなさん」とアナウンサーが表現する一方で、ラジオのパーソナリティは「ラジオの前のあなた」と表現する。

エジソン的回帰時代のコンテンツは「あなた」のためであって「みなさん」のためではない。これはマスというものがなくなりかけている現代社会にもリンクしている。そんな思想で作られた動画コンテンツが現状アダルトビデオくらいしかないことは大チャンスだ。動画コンテンツを視聴する環境にエジソン的回帰が進めば進むほど、新世代のコンテンツクリエイターにとってのブルーオーシャンが広がっていくからだ。

一方、サッカーのワールドカップやオリンピックなど大勢で観る

コンテンツは、これまでと同様にシネマトグラフ的な環境で楽しむ方向に進化していくのだろう。

ポスト東京オリンピック時代 / 5G・8K

2020年、東京オリンピックの年に向けてとんでもない環境変化が進行している。

まずは5Gという次世代高速回線。フルハイビジョンの映画をおよそ1.5秒でダウンロードできるという。半端ないスピードだ。でも5Gの本質的なすごさは落合陽一に「人間の出入力感覚では、遅れを体感しないレベル」と言わしめる低遅延化にある。そんな通信環境がメディアやコンテンツとつながった時、どんな化学反応が起きるのか？　一つ明確に言えるのは、現在、写真やイラストなどの静止画が入っているところは「動かないと物足りなくなる」ということだろう。

街中のポスターが貼られていた場所はこれから、どんどんデジタルサイネージに入れ替わっていく。ONE MEDIAでは山手線新型

Chapter 2

車両に限定して動画コンテンツを配信している。新型車両にはリッチなデジタルサイネージがたくさん配置されているからだ。東京オリンピックまでに山手線の全てが新型車両に入れ替わる予定だと聞いている。車両以外にも駅の柱など、かつてポスターが貼ってあった場所は、どんどんデジタルサイネージ化していく。

一度デジタルサイネージで動くコンテンツを観てしまうと、普通のポスターでは物足りなくなってしまう。これは、既存のテキストコンテンツにも同じことが言える。今まではテキストメディアと動画メディアの境界線がはっきりしていた。これからは、その境界線が消えテキストと動画が渾然一体となる時代が来るのではないだろうか。それこそが 5G がメディアにもたらす非可逆的な衝撃だと僕は思う。

「いや、テキストにはテキストの良さというものがあってだな」

冒頭にも書いたけど、まだこんな寝言を言ってる奴がいたら逆に質問がある。Facebook や Instagram、そして Twitter。かつてテキストと静止画にしか対応していなかったソーシャルメディア

が、以前のようなシンプルな形に戻ったら、どういう反応が起こるかな？　答えは多分、とんでもない大炎上、そして他のプラットフォームへのユーザー大移動だろう。

人間は本能的に動くものを追いかける習性があるから、コンテンツやメディアは可能な限りどんどんリッチにならざるを得ない。

憧れの人物が着ている洋服がリアルにわかり、さらにそれが検索できて写真のみならずライブ感のある動画でも確認できるファッション雑誌を想像してほしい。それが Instagram だ。

Instagram が雑誌的な役割を果たすようになった背景と、モバイル通信環境のたゆまぬ改善努力は切っても切り離せない。旅行先などでインスタ映えしそうな絶景スポットに行ったのに、3G回線しかなくて、せっかくの Stories が UP できなかった。そんな経験をしたことがある人も多いと思う。つまり、どこもかしこも 3G 回線しかない時代なら、Instagram はこんなに流行ってないはずだ。

それくらい、インターネットの世界では通信速度やデータ容量というものはボトルネックの大きな要因になっている。

ユーザー側にとっては通信制限への恐れが常にあるし、サービス運営側からすると、サクサク使ってもらうには画質を犠牲にしてでもデータ容量を軽くした方がいい。

実際、Instagram で写真を UP する時にかけるフィルターは写真のデータを軽くするという目的がきっかけで考案されたアイデアだ。個性的なフィルターをかけることで、画質が多少落ちてもわからない状態になる。それにより、サーバにあげる写真のデータを圧縮することができた。

YouTube や Netflix が PC を中心に成長してきたのは、映像ファイルという大きなデータを扱うのにモバイル通信環境では不十分だったからだ。

つまり、極端な言い方をすると映像や動画を扱うリッチなインターネットメディアは、まだ全然本気を出せていない。

今や PC よりもモバイルのスクリーンが多い世の中なのに、その潜在能力を通信環境というボトルネックで生かしきれていないのが実状なんだ。

さらにここに 8K という要素が加わってくるから、掛け算の力で

インパクトはますますとんでもないことになってくる。

フル HD とか 4K とか 8K とか、これらは全て画面の解像度を示す用語だ。1K は 1,000 だから 8K は横の解像度が約 8,000 あることになる。ちなみに縦×横のスクリーンサイズで比較すると 8K は 4K の 4 倍の解像度がある。

8K は理論上、人間が見ることのできる限界と同じ解像度らしい。つまり 8K は自分の目で見る現実と変わらないくらいキレイだってことだ。

さて、断言するけど、君が最初に 8K の映像を再生可能なデバイスを手にするのはスマートフォンになるだろう。おそらくテレビではない。4K テレビを持っている人は何人いるだろうか？　こないだ友達のテレビマンたちに聞いてみたけど、誰も持っていなかったぞ。放送の現場の人さえ持っていないのに、4K にふさわしいコンテンツなんて作れるのかな？

一方、4K のスマホを持っている人はどんどん増えている。

東京オリンピックに合わせて、家電メーカーは 4K テレビを全力で売りにかかるだろう。しかし、2020 年には 8K のスマートフォンがゴロゴロ出てきているはずだ。そこに、前述の 5G 回線が

Chapter 2

組み合わさって、恐ろしく綺麗なコンテンツを手のひらの中で楽しめるようになっている。テレビの優位性は、そのリーチ力もあるが、他のメディアに比べてリッチな視聴体験があることも大きかった。しかし 8K のコンテンツを自分のスマホで観る方が、家庭の古びたテレビを観るよりリッチな体験になってしまった時、その優位性はどうなっていくんだろう?

今はスマートフォンの画面は小さい。しかし、あと何年かたてば、SF 映画のようにホログラムが広がったりするような機能が付くはずだ。
その意味で、流行の縦型動画も過渡期の存在なのかもしれない。人間の目は横に長いわけだから、やっぱり横で見る方が見やすいからね。

いずれにせよ東京オリンピックに向けてという合言葉で、通信環境もデジタルサイネージも設備投資がどんどん進んでいくだろう。その環境変化によって、テレビとスマホは静かに逆転の方向に向かっていく。これが、東京オリンピック後にメディアとコンテンツが向き合わなければいけない現実なのだ。

ガラパゴス日本のテレビ業界

かつて映画業界からテレビ業界が生まれたのは、アメリカでは
1941年、日本では1953年のことだ。
今となっては、日本最大のマスメディアとなったテレビだが、当
初は映画業界から馬鹿にされまくっていたらしい。

「あんな小さい画面で一体、何が伝えられるというんだ？」
「画質だってひどいものだ、とてもじゃないが観られたものでは
ないね」

これらの言葉が、いかに未来を見誤っていたかは、今この本を読
んでいる君たち自身が証人になってくれるだろう。
だが、同時にこれらの言葉は現在進行形の出来事でもある。僕た
ちのようなインターネットで動画をやっている側は、こうやって
テレビ業界（あるいは映画業界）から同様のありがたい訓示をい
ただき続けているのである。

Chapter 2

つまり、これはいつか来た道なのだ。

ここでは世界の中でも特殊な日本のテレビ業界の産業構造を解き明かしつつ、これからの未来を予測してみよう。

テレビ業界が映画業界からのディスを乗り越えて大きくなっていく過程で最も重要だったものは「テレビ独自のコンテンツ」だ。

例えばニュース番組や、スポーツの中継、そしてバラエティ番組はその最たるものだろう。

これらは、映画館ではまず観られないものだ。テレビドラマは映画を、テレビ画面の大きさや放送時間にダウンサイジングしたものなので、そこは地続きでつながっている一方、ニュースやバラエティを映画館で観ることは全く想像できない。

なぜ動画にこれだけの未来が期待されているのかというと、それはテレビ業界の先輩方のおかげだと言わざるを得ない。それくらい、テレビが作ったコンテンツと広告媒体としての価値は高いものだからだ。

映像の価値とは、つまり人を引き込む力だと僕は思う。

テレビメディア広告費

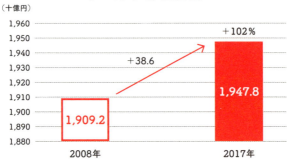

インターネット広告費

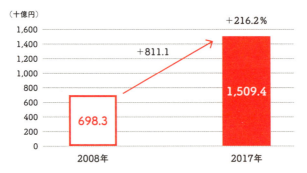

電通「2008年 日本の広告費」及び「2017年 日本の広告費」を基に作成

テキストの場合、見出しが心に引っかからなければ全く読んでもらえない。一方テレビでチャンネルをザッピングしていて偶然引っかかった番組をなんとなく観続けたらすごく感動した、学びがあった、何かを好きになった、みたいな話は君にも経験があるだろう。全く興味を持っていなかった人を振り向かせるパワーが映像にはある。

そういった映像（テレビ）だけが持っていた価値をインターネット上に持ち込もうとしているのが動画なんだ。

繰り返しになるが、これまでそんなパワーを持った広告媒体はテレビしかなかった。そんなテレビが斜陽産業だと言われて久しい。しかし過去 10 年間で、テレビの広告収益はむしろ増えていることを知っていたかい？

電通がまとめている日本の広告費の推移によると、左の図のような数字が出ている。10 年間かけて、インターネットは倍以上の規模に成長してきた。だが、テレビは視聴者が体感的に減っているように思えるが、広告メディアとしての価値は減るどころか増えている。

それは、映像だけが持っている価値を、インターネットがいまだに生み出せていないからに他ならない。テキストでは雑誌、新聞からウェブへのシフトが起きたのに、テレビではそのシフトがまだ起きていないのはそのためだ。

言い換えると、動画こそがインターネット広告の最後のフロンティアになるだろう。

しかし、日本には映像制作会社が 3,000 社以上も存在しているのに、動画をマトモに作れる会社はほとんど存在しない。

(平成 27 年　特定サービス産業実態調査報告書より)

それは日本の映像業界がテレビを中心とした産業構造に最適化しすぎていることが大きな要因だ。

日本のテレビ局のシステムは海外と全く違う。

アメリカと比較してみよう。日本のテレビ産業がいかに強固なのかよくわかるだろう。

まずチャンネル数だ。日本ではいわゆるキー局が五つしかない。

日本テレビ放送網・テレビ朝日・TBS テレビ・テレビ東京・フジテレビジョンだ。

このキー局と連携する系列ローカル局というものが各道府県に存在していて、それによって「全国放送」を実現しているわけだ。なぜそんなまどろっこしいやり方でネットワークを作っているかというと、これらキー局やローカル局は放送法という法律に基づいた免許によって、放送を許されている存在だからだ。放送法においては放送を許される範囲が都道府県というエリアによって区切られている。これはインターネットのボーダレスな思想に慣れていると、違和感しかない。ちなみにローカル局は、地元のニュースや天気予報、そしてキー局から仕入れた番組の放送を行い、そのCM枠を販売することが主な仕事になる。これは非常に収益性が高いビジネスだ。

例外としてNHKは単一の法人であり、各地の放送局はその一部門であるためキー局という用語には該当しない。

いずれにせよ日本には、キー局のチャンネル五つと、NHK総合と教育のチャンネル二つを合計して、主要なチャンネルは七つしか存在しない、ということになる。

ちなみに僕の実家ではテレビ東京系は映らなかった。

だから今でもテレビ東京の番組を観ると気持ちが高まるし、北海

道のローカル局であるHTBが作っている『水曜どうでしょう』
に至ってはDVDを全巻揃えている。

さて話を戻そう。日本の主要チャンネルが七つしかないのに対し
て、アメリカは1世帯が100チャンネルぐらい契約しているケ
ーブルテレビ文化だ。

チャンネルが乱立するだけに、テレビとはいえ厳しい競争があっ
た。面白いものを作らないと契約してもらえないというプレッシ
ャーは日本の比ではないだろう。逆に言えば参入障壁が低いので、
尖った制作会社が自分たちのブランドを築きメディア化しやすい。
音楽番組専門チャンネル「MTV」やドラマ専門チャンネル
「HBO」なんかはその好例だろう。

一方、日本ではテレビ産業における放送、つまり「届ける」部分
が免許事業となっていて、自分でメディアになろうという制作会
社がそもそも出てこられない環境だ。

しかし逆に言えば日本では、大きなチャンネルが七つしかないわ
けで、そこにぶら下がって制作を行ってさえいれば安泰ともいえ
る。

テレビ局と大手代理店が求めるものを作っていれば、番組制作で

もCM制作でもビジネスは回る。何が悲しくて、おいしい既得権益を捨て、誰が見てくれるかわからない、ソーシャルメディアやスマートフォンの世界に飛び込んでいかなければいけないんだ、という思考になるわけだ。

こうやって、たくさんの制作会社がテレビ局にぶら下がることで、いつの間にかテレビ局が自ら制作する番組は非常に少なくなってしまった。これがSVOD（Subscription Video on Demand）のもたらす「Content is King」時代におけるテレビ局のアキレス腱になると僕は考えている。

Content is King

キー局とローカル局から成るテレビ局のネットワークを「届ける」ためのプラットフォームとしてみなすと整理が楽になる。
今、動画のビッグウェーブの中で起きていることは「届ける」プラットフォームが複数になってきた、ということだ。

Netflix や Amazon Prime Video、Hulu といった SVOD。

Facebook や Twitter、Instagram といったソーシャルメディア。そして YouTube。

どれもが動画コンテンツを届けるためのプラットフォームだ。

コンテンツが素晴らしければ、どんなプラットフォームが主体になっても慌てる必要はない。

日本でも、Netflix の参入によって潤っている会社として、ポリゴン・ピクチュアズとイースト・エンタテインメントがよく挙げられる。

ポリゴン・ピクチュアズは『シドニアの騎士』『BLAME!』『GODZILLA 怪獣惑星』などを手掛けている CG アニメの会社だ。Netflix が数ある会社の中からポリゴン・ピクチュアズに白羽の矢を立てた理由は、高い CG 技術を持ち、モダンなワークフローを整備しているからだ。

ポリゴン・ピクチュアズはもともとアメリカの仕事を多く手掛けていたため、リモートでの仕事に慣れており、進捗管理などに優れていた。Netflix はそこを信頼して、ビッグプロジェクトを依頼することができた。

Chapter 2

いわばポリゴン・ピクチュアズは、脱ガラパゴスの象徴でもある。
旧態依然とした日本のアニメスタジオの構造からは脱しており、
海外でもヒットを飛ばしている。戦うフィールドを変えたからこ
そ、ポリゴン・ピクチュアズはサードウェーブの波に乗れている
のだ。

一方イーストは『テラスハウス』を作っている制作会社だ。『テ
ラスハウス』はフジテレビとイーストが制作・著作となっている
が、実際制作しているのはイーストである。
フジテレビが Netflix と組んで『テラスハウス』を制作すると発
表した時「フジテレビは一制作会社に成り下がった」という意見
がネット上で散見されたが、それは全く本質的ではない。
重要なことは、高いクリエイティビティがある制作会社であれば、
フジテレビなどのテレビ局に頼らなくても、新しいプラットフォー
ム向けの配信で勝負できる時代になったということだ。
つまり、フジテレビが制作会社に成り下がったのではなくて、イー
ストが世界の舞台に進出したということだ。

Netflix は 2018 年、コンテンツ予算を 1 兆円に拡大すると発表

した。これだけオリジナルコンテンツに投資をすると、既存の映像業界から絶対叩かれると思われていたのだが、実際には、そういったバッシングは受けていない。

それはなぜかというと、Netflix の金払いがいいからだ。

コンテンツを地道に作っている「現場」に対して、しっかりお金を払っている。映像産業やクリエイターのコミュニティに対して貢献するという意思が誰から見てもわかるから、ハリウッドで働いているクリエイターたちから愛されるのだ。これはとても重要なことだと思う。

日本では、テレビやインターネットを問わず、プラットフォーム側が稼いだお金をコンテンツ制作側に還元していないように思える。

Netflix は、交渉や力関係にもよるが、制作側に著作権を与えることもある。動画の世界では、プラットフォームとクリエイターが共存して生態系を作ることを考える時代になってきているのではないだろうか？

Chapter 2

再生回数と視聴率の謎

さあみんな！　勉強の時間だ。

放送でもインターネットでもプラットフォームが「届ける」パワーを握っている、ということはわかってもらえたと思う。

この 10 年減っていないテレビの莫大な収益の源泉はテレビ CM だ。でもこの CM というものが、どういう単位で売り買いされているかを知っている人は少ない。そのキーワードが GRP（Gross Rating Point）だ。

テレビは映像を届けるパワーを視聴率という形で計測し、それを GRP という通貨にして販売している。この GRP という通貨を発行する権利は放送法に基づいた免許事業者しか許されてない。

でも君には視聴率がどのようにして算出されているかも、GRP が一体どういうものかということもチンプンカンプンだろう。正直、僕もこの何年か勉強してるけど、本当に複雑で難解な仕掛けになっている。

一方インターネットにおける動画を届けるパワーは極めてシンプルな形で計測されるから、先にこっちを片付けてしまおう！
取引通貨は「再生回数」と「視聴完了率」の二つだ。
日本インタラクティブ広告協会（JIAA）は、動画の再生回数を以下の条件で定義している。

・広告ピクセルの50％以上がビューアブルなスペースに表示される
・2秒以上連続して動画が再生される

つまり、スマートフォンの画面に動画プレイヤーが半分以上入って2秒経過したら再生回数1回カウント、だそうだ。

「え？　なにそれ、おかしくない？」

僕もそう思う。例えば君もスマートフォンでウェブブラウジングをしている時やアプリを開いた時に、唐突に動画が流れて必死にプレイヤーを閉じるボタンを探したことがあると思う。2秒なんてすぐに経過してしまい、その間、君は閉じるボタンしか目に入

Chapter 2

っていないはずなのに再生回数 1 回加算完了。クライアントは
それにお金を払うことになる。これにはちょっと違和感がある。
Facebook や YouTube など、グローバルのプラットフォームは
これより厳しい基準で再生をカウントしている。
いずれにせよ動画コンテンツを作る人間として思うのは、2 秒で
動画のメッセージが伝わるなんて、まずありえないということだ。

そこで、視聴完了率という指標が、動画広告や動画タイアップで
は併用されることが多い。例えば 60 秒の動画の再生回数が
10,000 回だったとする。

・最後まで観られた回数が 1,000 回なら「完全視聴完了率 10
パーセント」
・30 秒時点まで観られた回数が 2,000 回なら「30 秒時点視聴
完了率 20 パーセント」

こんな感じで、再生回数と視聴完了率を組み合わせて、実際動画
がちゃんと観られているかどうかを測っていくんだ。

え？　この時点でちょっとわかりづらい？　ここからのテレビの
GRPと視聴率はこんなもんじゃないくらい難しいぞ。

そもそも視聴率とは何か？という話。視聴率の調査対象となるモ
ニター世帯で、あるテレビ番組が、どれくらいの世帯に観られて
いたのかを表すパーセンテージのことだ。
つまり、一般的に使われる視聴率とは「世帯視聴率」であり、イ
ンターネットのように個人ベースの数字ではない。
この世帯視聴率をベースにして、毎分視聴率1パーセントの番
組にテレビCMを1本流すことを1GRPという。毎分視聴率15
パーセントの人気番組に3本CMを流せば45GRPである。

こんな風にして、いわゆる人気番組ほどGRPの在庫が増えて収
益化しやすいので、テレビ局の現場では最重要KPIが視聴率に
なるというわけだ。
しかもGRPという取引通貨は、単なる「露出量」を超えた価値
を持っている。

例えば、君がスーパーの店長だとする。限りある棚のスペースを

有効に使って売り上げを上げないといけない。そこに秋限定のビールの新商品を持って、二つのビールメーカーが営業に来たとしよう。もちろん、君の目利きで商品を選んでもいいんだが、正直どっちが売れるのかわからない。この時、片方のメーカーが「今回は大量に CM も打つ予定でして 3,000GRP ほどの露出があります！」みたいなことを囁いてくる。なるほど、個人的にはもう片方のメーカーの方が好きなんだけど、買うのはお客様。しかもこういう季節限定商品なら CM でたくさん観たことある方を買うよな。そう考えて、君は GRP が多い方のメーカーの商品をたくさん棚に並べることにした。

つまり、GRP というのは CM を見せる量だけでなく、こういったリアルの販売スペースに対する影響力も握っているわけだ。

しかしこの価値の源泉となっている視聴率に、歴史的な変化が起きている。
2018 年 4 月から民放 5 局（キー局）のテレビ CM の取引指標が世帯視聴率から個人視聴率に変更となった。世帯視聴率をベースとした現行の制度はテレビ放送の広告取引が始まってから一度

も変更されたことがないので、今回の変更はまさに歴史的な出来事だ。

ここで世帯視聴率と個人視聴率の整理をしておこう。1台のテレビをその世帯全員で観ていることを想定しているのが、世帯視聴率。一方、1台のテレビを一人が観ていることを想定しているのが、個人視聴率だ。

こうやってみると、この変更は大変なことだと気づくだろう。要するに、今まで何人かで観ていたことになっていたテレビが一人で観ているという計算に変更されるのだ。当然、GRP あたりのリーチできるはずの人数はめちゃくちゃ減ってしまうはず。

これは死活問題だ。だって、リーチできる人数が減るということは純粋に在庫が減るということを意味している。またまたこんな思考実験をしてみよう。

今まで、在庫が 10,000 あったものが 2,000 に減ってしまう。君は上司から「在庫は減るが、売り上げは落とすな！」と謎の指示を受けた。

この場合、君が取れる手段は二つしかない。

単価を 5 倍上げるか、在庫を 5 倍増やすか、だ。

Chapter 2

単価を上げるのは本当に難しい。だって売り物が前と変わってい
ないのに、突然値段が5倍になるなんて国家の危機レベルのイ
ンフレが起きていない限りはありえない。

この難問にどう立ち向かうか？　テレビ業界にとっては、これは
思考実験などではなく、今そこに差し迫っているリアルな問題な
のだ。
超優秀なテレビ局のみなさんが集まって出した解決方法は「在庫
を増やす」だった。具体的にはタイムシフト視聴率を含めた総合
視聴率に移行するというものだ。

タイムシフト視聴率、つまり録画された番組の視聴率をGRPの
中に含めるということだが、これには広告主の反発も大きい。
確かに、僕自身テレビ番組の録画をたくさんするけど、CM絶対
飛ばすもんな。

しかし重大な事実として、こんな制度の見直し議論は関係なしに、
この10年テレビCMの収益は減っておらず、50年にわたって

メディア業界の覇権を握り続けているということだ。

世帯が個人に変わろうと、録画分が含まれようと、テレビCMは売れ続ける。これが大手広告代理店やナショナルクライアントの考え方だろう。

そうなると AbemaTV は、開局当時から個人視聴率ベースのGRP でマネタイズするということを見据えてやってきたのではないか？という一つの推論に行き着く。そもそも、インターネットなのに、なんで AbemaTV はわざわざ地上波テレビと同じようなスタイルをとっていたのか。だって、インターネットなのに番組が途中から始まるとか非効率極まりないじゃん。

しかし、個人視聴率やタイムシフト視聴率で GRP が売り買いされるようになると、AbemaTV の仕組みは滅茶苦茶強い。

テレビとほぼ同じ条件で CM を入れられる AbemaTV は、YouTube や Facebook、動画のアドネットワークとは違う土俵に立っているということになる。さっき説明した「再生回数」「視聴完了率」といったインターネット側の指標ではなく、GRP

というテレビ側の指標でビジネスができる。

僕がAbemaTVの営業だったら広告主に「確実にCM観てます」って言えるだけで相当売りやすいなと思ってしまう。

AbemaTVは個人視聴率でGRPが決められることが定着した世の中で、確実に視聴者に届けられる存在としてクライアントから信頼されるだろう。もともとのテレビCMのエコシステムを壊すことなくそこにベターな選択肢として入る作戦、本当に頭がいい。

でも、それも従来の「映像」をベースにしたやり方だ。僕は、そういった常識が通じない新しい「動画」の世界が来ると思っている。

時間のセグメントが変わった

さっきの視聴率や再生回数と対応する、コンテンツの受け取り手である視聴者の存在を忘れてはいけない。iPhoneが世の中に生まれてから、すでに10年以上たったことによって、視聴者を取り巻く生活は大きく変化している。

僕は1982年生まれだから「ポケベル→ PHS →ガラケー→ブラックベリー→ iPhone」というモバイルデバイスの進化史を一通り体験してきている世代だ。でも現在、20歳前後の子はスマートフォンしか知らない世代ということになる。日本だけでなく、世界的に「固定電話とか使ったことなくていきなりスマートフォン」みたいな若者は増えている。僕のスマートフォンに対する認識は「電話にインターネットとアプリがくっついている」という感じだが、若い子にとっては「インターネットとアプリ（電話含む）」なんだろうな。

スマートフォンの接触時間とテレビの接触時間を比べたのが右のグラフだ。博報堂DYメディアパートナーズから2018年5月に発表されたこのレポートを見る限り、スマートフォンはあと数年以内にテレビを追い抜くだろう。

しかし、全体の接触時間の多寡を気にしていても意味はない。テレビの接触時間とスマートフォンの接触時間は、その内容が大きく異なっているからだ。

Chapter 2

2012年 メディア接触時間

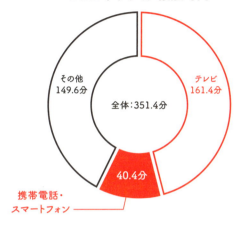

2018年 メディア接触時間

博報堂DYメディアパートナーズ メディア環境研究所「メディア定点調査2012」及び
「メディア定点調査2018」時系列分析を基に作成

テレビに接触しているのはまとまった時間なのに対して、スマートフォンに接触する時間は細切れになったものだ。

セグメントの細かい時間の積み重ねが、スマホ接触時間の正体だ。時間の使い方が異なれば求められるコンテンツも変わる。IPTが高いコンテンツが要求される背景がこれだ。

また、最近東京を走るタクシーにデジタルサイネージが備え付けられているのを知っている人も多いだろう。東京オリンピック向けの新型タクシーにはほぼ配備されている。実はあれに、カメラが付いていることに気づいた人はいるだろうか？

カメラによって、あなたの性別が判定され、ふさわしい広告が出るようにチューニングされている。

コンテンツも近い将来そういう最適化がされていくし、カメラは街中のサイネージをはじめ、あなたの思いもよらぬところにも増えていくだろう。

かつて、コンテンツが入り込む余地のなかったスキマ時間に、これからはどんどん動画が入り込んでいく。映像では大きすぎて通れなかったスキマに、動画は入り込むことができるからだ。

Chapter 2

スマートフォンによって価値が再発見された映画

突然だけど、最近映画観た？

実は、震災で一度落ち込んだ映画の興行収入はこの数年で盛り返してきている。

それは、映画の価値が映像コンテンツを観ることではなく、2時間スマートフォンをオフにしてソーシャルメディアで話題のコンテンツを体験することに移ってきているからだと僕は思う。

スマートフォンをオフにするチャンスは、年々減ってきている。

昔はフジロックに行けば携帯の電波なんて入らなかったのに、今ではスマートフォン充電スタンドがあるし、最後の聖域だと思っていた飛行機の中さえも、最近ではWi-Fiの存在をアピールされる。

こうして僕らの大事な「圏外」はどんどん遠ざかっていく。

そんな、いつでも誰とでもつながれる世の中で大ヒットしたのが『君の名は。』というアニメ映画だ。興行収入250億円超、日本

の歴代ランキング4位という記録は、映画が新しく獲得した体験価値をわかりやすく証明してくれる。

『君の名は。』のことを掘り下げていく前に、かつてのヒットコンテンツの話をさせてくれ。観ていて胸がキュンとするコンテンツ、ということでいくと僕が小さい頃は、いわゆる月9に代表されるトレンディドラマがその主役だった時代だ。今でも思い出深い『東京ラブストーリー』に『101回目のプロポーズ』。数々の名作が存在するけど、同じドラマを今観たとしても感情移入することはちょっと難しい。

「だって、スマートフォンがあればそんなトラブル起きないじゃん」
もし女子高生に名作トレンディドラマを見せると、真っ先に出る感想はこれだろうな。
トレンディドラマを盛り上げる最大の見せ場は男女のすれ違いだ。待ち合わせにタッチの差で間に合わない。ずっと電話を待っていたのに関係ない人からの連絡のせいで通話中に。ポケベルが鳴らなくて恋が待ちぼうけしてる。

Chapter 2

「LINE したらいいじゃん」

そうだね、それこそ多動力！　これが時代性ってやつだ。

かつてのヒットコンテンツも、時代が変われば通用しなくなる。

逆に時代の要請を正確に捉えた新作は大ヒットする。映画プロデューサーの川村元気さんは、そんな時代の空気感を「集合的無意識」と呼んでいて、そこに常にアンテナを張っているそうだ。

『君の名は。』が突いた集合的無意識はこんな感じだ。

携帯があれば

スマートフォンがあれば

いつでも連絡が取れる

会おうと思えば会える

距離が離れていても関係ない

それが今の時代の「つながる」ってことでしょ？

これが今の人が持っている集合的無意識で、『君の名は。』はそんな共同幻想を思いもよらぬストーリーでガツンとぶち壊した。それこそがまさに「体験価値」で、強烈な体験は感動の涙に変わり、

涙は「泣ける」というソーシャルメディア上のコメントになって世の中を駆け巡る。

体験価値を持つコンテンツは、ソーシャルメディアで話題のコンテンツになり、それがヒットを生む。これこそがエンゲージメントの持つパワーだ。

エンゲージメントが本当にある映画は、スクリーンの幕が下りた後も観た人の中で上映が続いていく。

『君の名は。』に胸を撃ち抜かれて「自分にはまだこんな甘酸っぱい気持ちが残っていたんだ」と反芻しまくってる人の中では、エンドロールの後だって映画は続いてるんだ。

このようにコンテンツが誰かに滅茶苦茶エンゲージメントすると、本気の熱量を帯びて周りにそれを伝染させ始める。

君がコンテンツに対してお金を払う時は、元々それが好きか、世間的に大ヒットしているか、友達が熱心にレコメンドしてきてその場で Amazon ポチらされたかのいずれかじゃないだろうか？

もしかするとこの本だって、そういう理由で買った人が多いかもしれないね。

五年後の世界では配信環境が大きく変わることで、今までより一

Chapter 2

層深く誰かの心にぶっ刺さるコンテンツが求められるようになる
ということはわかってもらえたかな？

この後の Chapter 3 では、五年後の世界を先取りしている海外
のメディアやコンテンツの状況から、エンゲージメントを生み出
す為のヒントを読み解いていこう。

Chapter

3

スタイルを売れ、
国境を越えろ

Chapter 3

2014年の夏のことだった。

溶けそうな暑さの中、代々木のマンションの一室で英語が実はできないのに、それっぽく海外メディアとのテレカンに参加している男がいる。僕だ。

会社を立ち上げて間もない頃、僕らは創業メンバー3人でルームシェアをしていた。リビングルームが僕らのオフィスだった。仕事とプライベートの境界線は文字通りあやふやで、今思うと毎日何をしていたのかさっぱりわからない。その年の売り上げは全部で5万円だった。

そんな体たらくの僕らに、なぜかアメリカの超有名料理動画メディアから業務提携の提案があった。もしもあの時、僕が二つ返事で「やりましょう!」と答えて、朝から晩まで早回し料理動画を作り続けていたとしたら、きっと日本の動画業界の歴史はちょっと違ったものになっていたかもしれない。僕は共同創業者の佐々木勢と話し合った。彼はこう言った。

「ガクトさん、僕らレシピの動画やるために人生賭けてるんでしたっけ？」

そうだ、僕はそもそも誰かの世界観を変えるような動画をやりたいんだ。早回し料理動画じゃ、誰かの今夜の献立は変わるかもしれないけど、世界観を変えることは難しいだろう。
こうして僕らは、100万ドルのチャンスを棒に振ったのだ。

その決断が正しかったかどうかはいまだにジャッジされていない。
全ては未来の僕らの挑戦次第だ。

Chapter 3

海の向こうで革命が始まる

Chapter 2 で語ったように、日本ではこれから動画産業革命に向けて様々な環境変化が起きていく。しかし海外はどんな状況なんだろう？　実は、海の向こうではとっくに革命が起きている。

エミー賞からその動きを見てみよう。「テレビ界のアカデミー賞」と言われるアメリカの放送コンテンツで最も重要な賞だ。
1950 年代から 2000 年代までの主役は NBC、CBS、ABC だった。
2010 年代前後から、HBO、AMC、そして Netflix が新たなビッグ 3 として君臨している。

これはまさにコンテンツ中心の時代を表す好例だ。
HBO 自体は 1972 年からある老舗ケーブルテレビ局だ。開局当時からサブスクリプションオンリーで CM に頼らない経営体制をとった数少ない存在である。そもそも有料の追加チャンネルに入る家庭はアメリカといえどそんなに多くはない。しかし、ソー

135

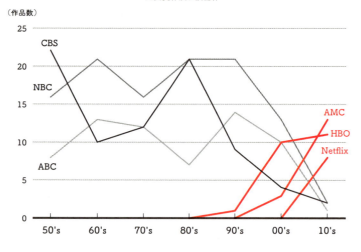

Chapter 3

作品賞受賞作抜粋

50's	ロバート・モンゴメリー・プレゼンツ	NBC
	The United States Steel Hour	ABC
	Playhouse 90	CBS
60's	弁護士プレストン	CBS
	スパイ大作戦	CBS
	逃亡者	ABC
70's	ドクター・ウェルビー	ABC
	Upstairs, Downstairs	PBS
	ポリス・ストーリー	NBC
80's	事件記者ルー・グラント	CBS
	ヒルストリート・ブルース	NBC
	女刑事キャグニー＆レイシー	CBS
90's	L.A.ロー 七人の弁護士	NBC
	ピケット・フェンス ブロック捜査メモ	CBS
	ザ・プラクティス	ABC
00's	ザ・ホワイトハウス	NBC
	ザ・ソプラノズ 哀愁のマフィア	HBO
	マッドメン	AMC
10's	ブレイキング・バッド	AMC
	ゲーム・オブ・スローンズ	HBO
	ハウス・オブ・カード 野望の階段	Netflix（ノミネートのみ）

シャルメディアが浸透しオンラインでの視聴環境も整ったことで
放送局としてのHBOではなく、コンテンツメーカーとしての
HBOが脚光を浴びるようになった。

特に『ゲーム・オブ・スローンズ』の記録的大ヒットはすごかっ
た。え？　知らない？　おいおい「流行っていないのは日本と北
朝鮮だけ」とディスられるのも納得だな！

2011年春の放送開始以来、世界中で空前の大ヒット。
1話あたりの制作予算はなんと1,000万ドル。大体10億円だ。
テレビドラマの1話の制作費が日本の映画よりも全然多い。
2017年に始まったシーズン7の初回は1,610万人が視聴して
HBO史上最高の数字を叩き出した。エミー賞のドラマ部門では、
2015年と2016年の2年連続で12部門を受賞。
2018年には三度目の作品賞を獲得し、伝説を更新し続けている。

つまり『ゲーム・オブ・スローンズ』は、完全に社会現象になっ
ている。僕自身、劇中に登場する名台詞「Winter is Coming」
を冬が来る度に真似しまくっている。

Chapter 3

人気弁護士ドラマ『SUITS』でもセリフの引用がよく出てくるし、もはや一般教養化してると言っても過言ではない。

『ゲーム・オブ・スローンズ』はセックス描写、バイオレンス描写が激しいことで有名だ。CM による広告収益に依存しているような放送局では NG になるようなコンテンツでも、そもそもサブスクリプションを収益の柱にしている HBO では全く問題ない。HBO はそのビジネス構造自体が、ソーシャルメディアと SVOD に適応している数少ない存在なのだ。

そういうこともあって、2018 年のエミー賞では、HBO の作品が 17 年連続で最多ノミネート（まさにインターネットの歴史と同期している）を果たしているが、同時に Netflix が 112 もの候補に挙がる躍進を遂げている。

そんな HBO がドラマ以外のコンテンツをやろうと組んだ相手が VICE だ。
今や、動画メディアとして世界的に有名な VICE も、もともとはカナダのスケートボードマガジンとして始まっている。その後、

自分たちのコンテンツを伝える一手段として動画に乗り出した。その際に VICE の動画のレベルを飛躍的に押し上げたのは、スパイク・ジョーンズだ。MTV の全盛期に活躍した名監督が、時を経て VICE のクリエイティブをリードする存在になったなんて痺れる話じゃないか。

そんな VICE は HBO 上でドキュメンタリーを放送している。いずれも通常のテレビではお目にかかれないようなエッジィなテーマばかりだ。

今アメリカで起きていることは、まさに従来のマス中心の放送局モデルの転換だ。放送することの権力がかつてほどなくなった今、人々が「観たい！」と思えるコンテンツを持っている方が有利になる時代が来ている。そして、皮肉にもそういったコンテンツはテレビでは放送しづらいものばかりなのだ。
Netflix、Amazon Prime Video、Hulu、HBO NOW に入れば自分たちが観たいものを効率よく観ることができる。

そうやって若年層を中心にアメリカの生活に基本だったケーブル

テレビを解約する人が増加している。この現象のことを「コードカット」という。日本と違い、アメリカではケーブルテレビに入らないとテレビには何も映らない。それにもかかわらず、2018年時点で 3,300 万人もの人が従来のテレビからすでに「卒業」している。

MCN、そしてデジタルスタジオ

エミー賞の話が、放送面で起きている変化だとしたら、インターネット側で起きている話はなんなのだろうか？　それには、マルチチャンネルネットワーク、つまり MCN を避けては通れない。

初期の MCN は、YouTube のアカウントを束ねる会社としてスタートした。
例えばガジェット系の YouTuber を 10 人集めれば、ガジェット系メディアにふさわしい「届ける」力を作れてしまう。しかし YouTuber には、営業力やマネジメント力がない人も多い。そこで芸能事務所のように、YouTuber を束ねてマネジメントし、営業を組織的にやっていけばこの問題が解決できる。

日本では、HIKAKIN が所属する UUUM が 2017 年 8 月に東証マザーズに上場した。

この UUUM に代表されるタレント型の YouTuber が多く所属するスタイルが MCN の一番オーソドックスな形だ。

しかし、その MCN のスタイルに数年前から変化が出てきている。料理の YouTuber を束ねた MCN である Tastemade を例にそれを読み解いていこう。早回し料理動画を初めて作った会社でもある Tastemade は従来の MCN が直面していたビジネス上のブランド広告獲得という課題をいち早く打ち破った存在だ。

YouTuber 自体が人に紐づいたメディアだから、世界観や表現を重視するブランド系の広告主からすると「この人とセットで覚えられるのはちょっと違う」「YouTuber 的な演出や動画クリエーションでは不満」という点で課題があった。

そういった懸念を解消するため、Tastemade は自分たちのオリジナル番組を作った。彼らのオフィスは、ロサンゼルスのサンタモニカにある。言わばハリウッドの一等地だ。そこを拠点にして、もともとハリウッドで働いていたメンバーを中心にして、クオリ

ティの高い動画を作っていった。それによって、L.L.Bean、ス
ターバックス、グレイグースといったいわゆるブランド企業をス
ポンサーとして獲得できるようになった。

特に、2014年にスタートした『The Grill Iron』という番組が
すごい。全米のアメフトスタジアム近くにあるバーベキュー店を
回るという企画で、シリーズのスポンサーとして韓国の自動車メ
ーカー、ヒュンダイが付いている。スタジアムやバーベキュー店
に移動するのにヒュンダイの車を使っているのだが、この動画の
クオリティはすごく高い。撮影は映画用のカメラで行っていて、
シズル感がほとばしっている。

スポンサー単価も高く、ワンシーズンを数億円かけて作っている
と言われている。これも日本では考えられない予算規模だ。

しかし問題はこれほどクオリティの高い動画を作っても、そもそ
も観られなければ意味がない、ということだ。

Tastemade が革新的だった点は、料理系の YouTuber を束ねて、
彼らの YouTube チャンネルを入り口にして、Tastemade 自体
が制作する番組にうまく流入するようにするエコシステムを作っ
たことだ。そのため Tastemade の番組には、所属している

YouTuber がよく出演している。

Tastemade からすると、YouTuber の高い流通力によって、番組を多くの人に届けられる。YouTuber からすると、Tastemade の高い表現力によって、クオリティの高い番組に出演できる。こうして、互いの弱点を補完することによって成長していった。

アメリカでは MCN が成熟の極みに達しようとしている。YouTuber を束ねることがメインのオーソドックスな MCN がたくさん現れ、その後自ら高クオリティな番組開発を行い、YouTuber を演者として起用する Tastemade のやり方が出てきた。

そうしたプロセスを経て今、新世代型 MCN が登場してきている。

ここ数年、米国では、Facebook、Netflix、Amazon が、コンテンツにものすごい額の資金を投じている。YouTube との対抗軸を考えると、各プラットフォームにとって、自分たちのオリジナルコンテンツ、独占コンテンツを確保するのが一番手っ取り早く、かつ重要な戦略になっているからだ。

そのコンテンツ作りを新世代型 MCN が担い始めた。

Chapter 3

YouTuber と組みつつ、個人レベルでは作れない規模の映像を生み出している代表例が DEFY Media や AwesomenessTV だ。彼らはタッグを組んで『Smosh: The Movie』といった映画コンテンツにも進出している。

一方、MCN ではない従来型のメディアもどんどん進化している。例えば『VOGUE』や『GQ』といった有名雑誌で知られているコンデナストは今や人気動画コンテンツを次々と生み出す存在になっている。すでに彼らは紙の出版社という定義を捨てて、総合的なパブリッシャーとしてデジタルコンテンツを手掛けて成長し続けている。特に、『73 の質問』は超面白い。また Netflix 向けに『Last Chance U』というアメフトのドキュメンタリー作品も制作している。

Vox のようなデジタル由来の新しいメディアも負けてはいない。Netflix 向けに『Explained』という世界の今をダイジェストする番組を展開している。1 エピソード 15 分前後という非常に観やすい長さで、観た後に自分が少し賢くなった気がして、その体験がクセになってしまう。

このように、従来型のハリウッドスタジオとは違う、放送ではなく配信を前提に動画を制作する会社が増えてきている。こういった新しいスタイルの会社は「デジタルスタジオ」と呼ばれている。今やメディアを語る上で、進化したMCNとデジタルスタジオは絶対押さえておかなくてはならない存在だ。

右ページに代表的なMCNとデジタルスタジオをまとめておいた。近い将来、これらの会社のロゴ入りTシャツを着て街を歩く若者を日本でも見る日が来るかもしれない。

Chapter 3

AwesomenessTV

Refinery29

Fullscreen

VICE Media

Vox Media

Studio71

DEFY Media

Great Big Story

世界観をヴィジュアライズせよ

めちゃくちゃ重要なことを言おう。

ポスト YouTube 以降、成功している映像や動画コンテンツには共通点がある。それは、描きたいゴールに向けて演出やアイデアが、レーザービームを束ねるように収斂していることにある。例えば、エミー賞受賞の Apple の『カープール・カラオケ』は、こういう構造になっている。

・ホストが運転席、ゲストが助手席に座る

親密感のヴィジュアライズ。仲の良い友達や家族でなければこういう構図にはならないよね、という先入観をうまく使って通常のスタジオ等では感じられない親密さを出す。

・車の中でカラオケを歌う

誰もが一度は自分でやったことがある車内でのカラオケ。これをプロのアーティストがやることで、めちゃくちゃ上手いことが同じシチュエーションで歌ったことがあるからこそよく理解できる。

同時にゲストも、視聴者と同じ人間なんだということを示している。

・ドライブで思い出の場所に立ち寄る
ゲストと一緒にドライブをして、目的の場所に到達することで台本として用意された話だけではなく、思い出を一緒に掘り返していくライブ感が生まれる。

全ての演出やアイデアが「ゲストの普段見られない人間としての顔を、車の中という親密な空間を使って描き出す」というゴールに向かって収斂していることがわかるかな？
このアイデアの量と収斂度が、世間に爪痕を残す作品になるかどうかの度合いと比例してくると思う。つまり IPT を高くする際の工夫が素晴らしいのだ。

再生数を稼ぐだけなら、同じく IPT 高めの早回し料理動画（フードポルノ）やお色気動画（いわゆるポルノ）でも事足りる。シンプルな動画でも容易に IPT を高くすることができるが、そこからはクリエイターが考える世界観は見えてこない。それゆえに、

それらの動画は誰が作っても同じようなものになりがちだ。

かといって、従来のテレビ番組のように時間の長さをフルに使って、あれもこれもと色んな方向の演出を詰め込んでいたらIPTを高くすることができない。

『VOGUE』の『73の質問』も素晴らしいアイデアの塊だ。

・撮影をPOVにする
一人称視点で撮影することで、視聴者は自分がゲストと対話しているような気持ちになることができる。

・7分前後で73の質問をする
短い時間でどんどん畳み掛けるように質問をすることで、ゲストの本音を引き出す。

・ゲストの家で撮影する
プライベートな空間である自宅に「訪ねる」形にすることで、普段のゲストとは違う姿を感じられる。

これも、『カープール・カラオケ』と同様、IPT を高めつつゴールが明確なコンテンツだということがよくわかると思う。

繰り返しになるが、クリエイターの思想や描きたい世界観が、演出によってヴィジュアライズされていることが重要だ。

思想なきクリエイティブはオシャレなカラオケビデオ

君にはきっと、大好きなミュージックビデオがあるはずだ。僕の場合なら、ミシェル・ゴンドリーの監督した『Star Guitar』だ。2002 年の作品だけど、今でも色あせないすごい仕掛けを会社の若いクルーにも知ってほしくて、定期的に見せて解説している。そんなビデオジャンキーの僕ですら、大好きなカラオケビデオなんてものはない。

ミュージックビデオとカラオケビデオの違いは、思想の有無にある。

認知度向上、売り上げアップ、バズ狙い。何らかのテーマが、毎

回絡まり合い、手を取り合い、揺るぎなき制作意欲で1億人に届け！って感じで作り上げるのがミュージックビデオ。まさに思想のヴィジュアライズがそこにはある。

一方、カラオケビデオによくある映像はこんな感じだ。
「波打際を追いかけっこする男女」
「雨の中、何かを叫ぶ若者」
「電話口で泣き崩れる女性」
「朝焼け？　夕焼け？　どっちかわからないけど燃える太陽」

どの歌にも出てきそうなシーン。
そんな素材を組み合わせて作られたそれっぽい映像のキメラがカラオケビデオであり、そこには思想など存在しない。

思想を持たない映像は量産され続け、歌本の厚さの分だけ存在しているにもかかわらず、誰もそれを覚えていない。つまり、人は映像の裏にある思想から、メッセージ性や作家性を受け取って心に刻むのだ。

Chapter 3

ちょっと映像作家気取りになっている君に聞きたい。

「ボケ味出しとけばいいから一眼レフで撮ろうぜ」
「ドローン飛ばそう」
「やっぱり今はハイスピード撮影だな」

こんなこと、言ってないか？
そうやって、とりあえず流行っているショットを組み合わせてできるものは、どこかで見たことがあるような中身のない映像だ。
僕はそれを「オシャレなカラオケビデオ」と呼んでいる。

DSLRやドローンのおかげで誰もが美しい映像の撮影が可能になった今だからこそ、カラオケビデオの教訓は重い。
君の映像に思想はあるか？　誰の心にも刺さらないマスターベーションになっていないか？

誰がために動画はある？

動画のパワーは絶大だ。今までテキストや写真だけで表現されて

いたメディアは今後軒並み動画にリプレイスされるだろう。だから何かのバーティカルメディアを動画でやろう、というのは当然の流れだ。

料理動画、ファッション動画、車動画、ビューティー動画、筋トレ動画、教育動画。書店に行って平積みされているようなジャンルは、遅かれ早かれ全部動画になる運命だと僕は思う。

あえて言おう。動画を WHAT や HOW で語る奴が僕は好きじゃない。バーティカルメディアを動画で作るのは今なら簡単だ。その手段として動画をいくらでも使ったらいい。でも僕は WHY を突き詰めた結果、動画を選んでいる。

「なんでこんな貴重なノウハウを他の人に教えるんですか？」

NewsPicks の合宿で、受講者にこんな質問をもらった。なんでって、そりゃ君のためだよ。
毎週末の金土のテレビドラマの中に後ろ姿、見つけられなかった仲間たちのため。そして、映像業界に憧れていたのに、あと一歩

が踏み込めなかった 20 歳の頃の自分のためだ。

僕は動画ってものが生み出すはずの、世界を変える可能性に人生を賭けてるんだ。そのためには仲間が必要なんだ。だから泥水飲みながら僕らが獲得してきたノウハウを、君には惜しみなく伝えたい。動画のネタバラシみたいな本を書く理由はそれしかない。

この本を読む動機は人それぞれだろう。中には「動画のスタートアップをやって金持ちになるぞ」っていう奴もいるかもしれない。そんな君に少しだけ考えてほしいことがある。それは業界のために資するということだ。Netflix がハリウッドから愛されているというエピソードを思い出してほしい。

動画でバーティカルメディアをやろうが、動画を活用したサービスをやろうが、ONE MEDIA のように動画そのものに対する挑戦をしようが、世間から見たら全部同じ穴のムジナだ。手を取り合ってみんな一緒にゴールしましょう、なんて気持ち悪いことは言わないよ。でも、若者が動画の可能性に失望するようなことはしちゃいけないって思わないか？

だから僕は、僕にできる方法で業界や後輩のためになることをする。もし君が動画にチャレンジしようと思ったら、まずは自分が生き抜くことを考えていい。でもちょっと余裕ができたら思い出してほしい。何年か前の、何者でもなかった自分のことを。かつての自分のために何をするべきだろう？　そんなことを少しでも考えてくれたら嬉しい。

漫画の可能性

小学生の頃、横山光輝の漫画『三国志』をひたすら図書館で読んでいた。当時、うちには古いクーラーしかなく、母親が電気代がすごい高いとボヤいていた。子供心に気を遣ったのだろう、とにかく夏休みは毎日図書館にいた。ちなみに今はエアコンを24時間つけっぱなしである（この方が電気代は安い）。

話を戻そう。『三国志』を吉川英治の小説で読むと全部で8巻あって滅茶苦茶に長い。それが漫画だとたったの60巻だ。漫画60巻だと気合い入れれば1日で読める量だよね。

Chapter 3

ヴィジュアルストーリーテリング時代に、日本で育ったクリエイターたちが持っている圧倒的なアドバンテージが、漫画の素養だと思う。小さい頃から、絵とテキストがセットになった表現を毎週、いや毎日読むなんてすごい英才教育じゃないだろうか。少なくとも1万時間の法則をクリアしている人の数で言えば世界一だと思う。

その証拠に、僕は相当の漫画読みだ。Kindle のおかげで物理的制約を受けなくなった分、歯止めが利かなくなった。これまで自分が Amazon に使った金額は怖くて計算できない。

漫画はまさにヴィジュアルストーリーテリングにおける、一つの完成形だ。絵とテキストをセットで認識することにより、理解のスピードがテキストだけの本よりも段違いに速い。つまり漫画はそれ自体 IPT が高いフォーマットなのだ。

日本は、過去も現在もこれからもブッチギリの漫画先進国だと思う。スマートフォンに合わせた縦読み漫画の発明、同人活動を含めた作家の数、業界を支えるファンの基盤の強さ。どれをとって

も最高の環境だ。子供向けではない大人向けのストーリーや、小説が原作のもの、歴史・実際にいた人物をテーマにした漫画などは海外には全然存在しない。

吉野源三郎の1937年の小説『君たちはどう生きるか』が漫画になって、発行部数200万部を超える大ベストセラーになったのは記憶に新しいと思う。80年以上前の小説がサルベージされ漫画になることで、これだけ多くの人が買うこと自体が、漫画の潜在能力を如実に示していると思う。
ビジネス本でも『マンガで身につく　多動力』のような形で新たな読者を獲得している。

動画を作っている僕らからしても、テキストからいきなり動画にするより、漫画を動画にした方が楽なのは明白だ。
そういう意味で漫画が盛り上がっている日本で動画をやることは、何かと海外スタートが有利なことが多い最近のビジネスの中で、特別にラッキーなことなのかもしれない。

また、映画においても実は僕らは特別な環境にいる。世界的に見

ると海外の映画を持ってくる時は吹き替えが主流だそうだ。僕は字幕派なのだが、ハリウッド映画を字幕で観る割合は日本と中国、韓国が突出している。こうなってくると、僕ら東アジア人は動画を作るために生まれ育ったという気がしてこないか？

ONE MEDIA の挑戦

ここまで色々な話をしてきたが、ONE MEDIA はどうやってこんな激動の時代を戦い抜いていこうとしているのか？　そもそもONE MEDIA はどこに向かっているのか？　その話をちょっとさせてくれ。

それにはまず僕が感じている今のメディアの責任から話をスタートしたい。これは僕が動画メディアをやり出してから、ずっと考えてる話でもある。

これまで書いてきた通り、日本は良くも悪くもテレビが社会に与える影響がとても大きい国だ。時にテレビの先導により世論が本質とは違う方向に向いてしまうことがある。これが映像コンテン

Chapter 3

ツが持つパワーの怖いところだ。

その一つが、子宮頸がんワクチンの接種についてだ。ワクチンの副反応とミスリードしてしまう映像をテレビで繰り返し放送した結果、反対派の意見が大きくなったように見えてしまい2013年に厚生労働省はワクチン接種の推奨を「世間の空気を読んで」やめてしまった。

世界保健機関（WHO）をはじめとする国際機関や、学術団体、各国の保健当局が安全性を保証し、推奨しているワクチンを、なぜか日本だけがスルーしている。ここにはメディアの大きな責任があると僕は思っている。

この問題についてずっと活動を続けている医師、村中璃子のジョン・マドックス賞受賞スピーチ「10万個の子宮」を読むとやるせなさが止まらなくなる。

検索ワード「10万個の子宮」
https://note.mu/rikomuranaka/n/n64eb/22ac396-

もしこのスピーチが当事者の若い女性やその親に届けば状況は変わるかもしれない。でも読まない。みんな、びっくりするくらい読まないんだ。

ハイコンテクストな内容と映像は基本的にマッチしない。情報量が違うからだ。僕はIPTの高い動画なら、こういったハイコンテクストな内容をちゃんと伝えられると思ってる。それがONE MEDIAでチャレンジするべき大事なことの一つだ。

日本の既存の映像業界にも、問題意識を持って頑張っているクリエイターはたくさんいる。

例えば、NHKには優れた記者がたくさんいるが、放送枠に限りがあるため、一生懸命取材してもアウトプットの場所が十分にない。しかも今の待遇がいいので、外に飛び出すことができないから、とりあえず「本」という形にして取材内容を発表する。それでは、あまりにもったいない。

既存メディアの外に、待遇のいい場所が生まれれば、問題意識を

Chapter 3

持つクリエイターは外に飛び出してくるはずだ。こうした人たち
が、グローバルなプラットフォームにガンガン動画を配信して、
海外の賞をゲットし始めたら、日本の映像業界、いやメディア業
界は変わるはずだ。

僕は日本人が作るコンテンツだって世界で戦える要素はたくさん
あると思っている。さっきの漫画の話もその根拠の一つだ。
結局、大事なのは最初から世界を見据えて作っているかどうかな
んじゃないか?

既存の放送メディアがガラパゴスに閉じている今、ONE MEDIA
に課せられた重大な使命は日本のヴィジュアルストーリーテリン
グの底力を世界に示すことだ。

最近、メディアやコンテンツの業界は色々あって暗い話が多く
「メディアビジネスは儲からない」というのが定説になっている。
僕の意見は違う。新しい波に対応しない会社だけが、「儲からな
い」と言っているだけだ。僕は基本的にメディアビジネスは儲か
ると思っている。ルパート・マードックやウォルト・ディズニー

ってすげえ金持ちだったじゃん。

メディアやコンテンツに変な美学を持って「儲からない」と言い
すぎると、有望な若者が入ってこなくなる。
若者が入ってこなくなった産業はいずれ死んでしまう。だから僕
は「メディア業界いいよ、楽しいよ」ということを伝え続けたい。

そうやって、世界レベルで戦う意欲を持ったイケてる若者が集結
したらどんなことが実現できるだろう？

例えば、東京オリンピックの年には何か大きなことがしたいよね。
イギリスのチャンネル4という会社が、2016年のリオ五輪・パ
ラリンピックの時に作った動画がある。その名も『We're The
Superhumans』だ。

検索ワード「We're The Superhumans」
https://www.youtube.com/watch?v=IocLkk3aYlk

Chapter 3

人間の可能性をビシバシ感じる、とてもエンパワーメントな動画だ。こんな動画を東京オリンピックの年に日本の誰が作るんだ？ それって僕たちであるべきじゃないか？　そんなことをいつも社内で話している。

そのためには、若者がどんどんクリエイターにならなくちゃダメなんだよ。ONE MEDIA はそれを応援したいと思ってる。さあ、いよいよ最後の Chapter だ。

Chapter

4

若者よ、
クリエイターになれ

Chapter 4

1999 年の夏のことだった。

髪の毛を茶色に染めた、痩せっぽちの少年がギターを弾いている。
僕だ。

今では色あせた紙焼きの写真。そこに写っている僕の姿を撮影し
たのは、きっと初めてできた彼女だろう。CHARA とリュック・
ベッソンが好きな女の子だった。僕が高校生の頃はデジカメがな
かったから思い出を残すために「チェキ」や「写ルンです」をみ
んなが使ってた。
その時のスターは米原康正。『smart』の連載『ちんかめ』の写
真集は今でも大事に持っている。彼は「チェキ」を使った写真だ
けで勝負するアートディレクターでありカメラマンだった。僕ら
も同じカメラを使ってるはずなのに、なんでこんなに「違って見
える」んだろう？　クオリティとか、完成度とか、そういうとこ
ろじゃない根本的な何かが決定的に違う気がした。それをきっか
けに、僕は表現というものについて本格的に考え始めたのを覚え
ている。彼女が僕の写真を見ながら、こう言った。

「ガクちゃんは、なんだか将来大物になる気がするよ」

あれから 20 年の時がたち、フィルムカメラはなくなり、デジカメすらも姿を消し、世界はスマートフォンのカメラに覆われた。

僕の可能性を初めて見つけてくれた彼女の期待に、大人になった僕は応えられているのだろうか？　今も答えは風に舞ってる。

Chapter 4

これからの仕事はすべてヴィジュアルが求められる

かつて、表現の中心は「言葉」だった。

だからコピーライターが 1980 年代のスターだった。

次に、表現の中心が「映像」になった。

だから CM クリエイターが 1990 年代のスターだった。

今は表現の中心が「人」になった。

だから YouTuber やインフルエンサーがスターになった。

じゃあこれからは何が表現の中心になるんだ？

Chapter 4 では、それを一緒に解き明かしていこう。

まず言いたいのはすでに写真や動画は「初等教育」に入ったということだ。今は、みんながスマートフォンを使って小学生からカメラを使う時代になった。つまりは初等教育だ。何事も初等教育入りすると、それは産業になっていく。

ちょっと細かく解説していこう。

そもそもあらゆる物事は他者との比較が明確になって初めて、すごい人・上手い人・センスの良い人がスターになれる可能性が出てくる。野球やサッカーが日本で盛んなのは経験者の母数が多いからに他ならない。

例えばクリケットというスポーツ競技がある。知らない人も多いだろうけどイギリス発祥の由緒正しい紳士のスポーツだ。インドを中心に滅茶苦茶に人気であり、そして選手の平均年俸が半端ないことでも有名だ。その額、実に4億9千万円。痺れるよね。平均だよ？

そんなクリケットだけど、日本では全然流行ってない。たぶんテレビで特番やっても誰も観ないだろう。それは、僕らがプレイヤーとしてそのスポーツをやったことがないからだ。

例えば僕は小学生の頃、ポール牧に夢中になった。指パッチンをものすごい高速でやるおじさんだ。少しでもポール牧に近づきたくて、小学生にして右手でも左手でも指パッチンができるようになった。それでもポール牧のスピードには敵わない。なんなんだ、

あのスピードは？とポール牧の出演している番組を録画して、何度もスロー再生した。するとポール牧は中指ではなく人差し指で指パッチンをしていると気がついた。半端ねぇ、なんてイノベーティブなんだ。僕は必死で練習した。そうして、僕はついに両手の人差し指で指パッチンができるレベルにまでなった。しかし、そんな僕を褒めてくれる友達はいなかった。1990年代の小学生にとってポール牧はシブすぎる存在だった。僕は指パッチンを封印した。

さて多少脱線したけど、つまりはこういうことだ。僕の友達がもしも指パッチンをやったことがあれば、彼はきっと僕の指パッチンスキルに舌を巻いただろう。でもやったことがないと話にならない。

もう少し一般的にすると「東の東大、西の宝塚」という言葉がある。どちらも超難関で入りづらい、ということだが多くの人にとってインパクトを感じやすいのは東大の方じゃないか？　小学生の頃からの義務教育の延長線上に東大は存在している。いわば義務教育を受けた人間は誰もが東大に入れる人間がすごいというこ

とを理解できる。

一方、宝塚は確かに倍率だけを見ると東大並みに入るのは難しい。でも宝塚に入るために必要なバレエや声楽は、義務教育ではない。だからその競争に参加しているプレイヤーの数が東大とは桁違いだ。結果的にすごいとは思うんだけど、なんだか今ひとつピンとこない。これはクリケットと同様、宝塚がすごくないって言ってるんじゃない。ピンとこないんだ！

例えば今、TikTok が猛烈に流行っている。2012 年から中学で必修化されたダンスの授業がもしなかったとしたら、TikTok はここまで流行していなかったんじゃないかな？

「みんな一緒に授業で踊ってたから別に恥ずかしくない」
「ダンスやったからこそ、あの動きがイケてるのがわかる」

とんでもない流行や、大きな産業を支えるのは、一流かどうかを判断できる一般プレイヤーの数なのだ。
映像の時代は、みんながコンテンツを受け身でしか判断できない時代だった。だから映像は、一部の人たちだけで作って一部の人

たちが評価する、とても小さい世界だった。これからは違う。

誰もが苦しみながら夏休みの読書感想文を書いたことがあるから
こそ、ブログや Twitter にはテキストコンテンツが溢れている。
カメラを小さい頃から使う子供たちは、僕ら旧世代とは違った次
元の解像度で写真や動画を観て、新たなコンテンツを生み出すの
だろう。

かつてテキストが占めていたポジションは、写真や動画といった
ヴィジュアル表現に入れ替わっていく。これが、ヴィジュアルス
トーリーテリングの時代が来る根拠だ。

クリエイター黄金時代 / 既得権をぶっ壊せ

改めて言おう。これからヴィジュアルストーリーテリングの時代
に突入する。クリエイターにとって、こんなにチャンスな時代は
ない。
ぶっちゃけて言うとクリエイターはこれまで搾取されてきた。そ
れは「作る」ことと「届ける」ことが分断されていたからだ。

広告代理店やテレビ局、いわゆる高給で知られる会社に比べて、日本の制作会社の規模はずっと小さい。小さいということは、現場のクリエイターに行き渡るお金も安くなるということだ。

だが、そこに文句を言っても仕方がない。なぜなら、メディアやコンテンツビジネスの中心は届けることにあるからだ。

しかし、かつての届け方と今の届け方の間には、大きな変化が起きている。

例えば本。取次や書店など、大きく面をとるのに調整しなければいけない相手が多く存在し、自分の努力だけでは完結できない。テレビやラジオは、放送免許というどうにもならない壁がある。

インターネット（配信）の素晴らしい点は、「作る」ことと「届ける」ことが分断されていないことだ。自分の努力や工夫次第で「作る」パワーがそのまま「届ける」パワーにシフトチェンジする。

いわば、メディアとコンテンツがSPA化する時代なのだ。

Appleやユニクロといった、世界で最も評価されている企業の多

くは、SPA 化している。旧来のプロダクト作りとディストリビューションの分断を、テクノロジーの力で統合したことに強さの秘密がある。

統合したからこそ、クリエイターの美学とユーザーの求めるものがマッチするスピードが速くなり、速くなるからこそ旧態依然としたメーカーに勝つことができた。

メディアとコンテンツが SPA 化する時代、そこで最も重要となるファクターはクリエイターだ。

なぜならば、この時代に求められるスピード感でヴィジュアル表現を作っていくためには、クリエイターが自分の意思でどんどんコンテンツを作っていくのが一番速いからだ。

君は君の世代が求めるコンテンツについて、おっさんたちよりずっと詳しいはずだ。おっさんが「何を作ればいいのかな？」と試行錯誤している間に、とっととコンテンツを作ってしまおう。

作ったものを届けるのに、昔なら免許や設備やお金が必要だったが、今のソーシャルメディアの動画配信プラットフォームは全部タダだ。

どんどんそれを利用して届けよう。届け続ければそれはいずれ、無視できない力を持っていく。

創業した当時、とにかく僕はドキュメンタリーをやりたかった。それで気合いの入ったドキュメンタリーを月に1本作るペースで始めた。しかし、これが全然観られない！
コンテンツが積み上がって、日々コミュニケーションが生まれて、そうやって初めて視聴者や読者が付いてくる。メディアになりたかったけど、そのためにはコンテンツ量が大事だということに気づいた時には、会社のキャッシュがなくなりかけていた。僕らは食いつなぐために受託で動画制作の仕事をやることにした。

しかし、この受託制作ビジネスは本当にライバルが多い。そりゃそうだ。これまでは「作る」ことと「届ける」ことが分断されていて、「届ける」ごく一部の会社のために動画を「作る」会社、つまり制作会社が滅茶苦茶多いのが日本の状況だったからだ。

そういう中で、僕は目立つために「とにかく動画をいっぱい作る」という作戦を実行することにした。当時の動画メディアとい

Chapter 4

えば、早回し料理動画やメイクやネイルのハウツー、セクシー面白動画など。僕らは「テキストだとわかりづらいことを動画でわかりやすくする」というコンセプトを、シンプルに実行することにした。

当時メンバーは8人もいない中で、月間60本の動画を必ず作ると決め、血反吐を吐くような思いをしながらこれをやり遂げた。

YouTuberが人気な理由は、毎日動画をUPして視聴者とコミュニケーションし続けているから。

Instagramであれば、その粒度はさらに細かくなる。視聴者がコンテンツに触れる時間の粒度は細かくなる一方、求められるコミュニケーションの期間は長くなっていく。

そんな時代に一番重要なのは「コンテンツを作り続け、届け続けること」だ。作ることでも、届けることでもない。続けること。

みうらじゅんの言うようにKeep on rock'n rollが一番難しい。

だから君は「続ける」クリエイターにならなくちゃいけないんだ。

数十年に一度のメディアの変革期が今来ている。そんな時に若いクリエイターたちが、いろんなプラットフォームで大暴れしたら

どうなると思う？

既得権益者にとって、これほど恐ろしいことはない。

さっきも言ったけど、既得権益のほとんどは動画を「作る」ことではなく「届ける」ことに集中している。

YouTuberがあれだけすごいインパクトをもたらしたのも「届ける」パワーがすごいからだ。

日本では、テレビ放送は免許事業だ。国からの許可がないと、放送はできない。インターネットが放送の力を借りなくても「届ける」ことを可能にした。

僕らがやらなければいけないのは自分の声を大きくするためのアンプ、つまりメディアを持つということだ。そして、そのために最も簡単かつ重要なポイントは「続ける」ことなんだ。

エンゲージメントだけを追求しろ

メディアを構築するために、僕は動画を作って作って作りまくった。当時、ライバルの動画メディアはほとんど全て、再生回数をKPIに置いていたと思う。

Chapter 4

僕らは再生回数を一旦、無視することにした。

なぜなら再生回数は作ろうと思えば作れるからだ。セクシーな女性の姿を見せたりすれば冒頭の3秒の時間は取れるかもしれない。そうすれば3秒経過で1回再生カウントだ。しかし、それは本当に価値のある再生回数といえるだろうか？

そんなまやかしの再生回数ではビジネスにはならないと僕は考えた。

そもそもちゃんと長い間視聴をしてくれないのは、最後まで観るモチベーションがないからだ。LINEやInstagramやメルカリの通知がひっきりなしに来る中で視聴者の時間を奪うのは大変だ。だからこそテレビや新聞、雑誌よりも濃い関係が作れると思わないか？

動画は3秒でジャッジされる。その3秒の中で相手をコンテンツに引き込まなきゃいけない。さらに言えば10秒までの間に「最後まで観よう」と思ってもらわないといけない。それができれば、30秒だろうと60秒だろうと動画を見続けてくれる。

こうした「時間軸のコントロール」と「テキストと画の使い分け」を意識して、次に考えるべきはそれを使って「何を伝えるの

181

か？」だ。

ヴィジュアルストーリーテリングによって、テキストメディアや
テレビ番組では伝えることが難しいような内容でも君は表現でき
るはず。

文章にすると難解なハイコンテクストな内容も、インフォグラフ
ィックスで図解に落とし込むことで IPT の高いコンテンツに生
まれ変わるだろう。

また、テレビでは色々な事情で放映することが難しいピーキーな
内容を動画でやるというのも一つのやり方だ。

マスメディアにはできない、一部の熱狂的コミュニティから愛さ
れるコンテンツも良い。

だがしかし、最も重要なことは君自身が本気でそれを伝えたいと
思っているかということだ。

嘘偽りのない心からの叫びをヴィジュアルストーリーテリングに
落とし込むことで、君にしかできない動画が誕生する。

その動画が視聴者と強く結びついた時に、誰かの世界観が変わる
んだ。

これがエンゲージメントだ。

Chapter 4

ONE MEDIA と視聴者との間には約束がある。

僕らのコンテンツを通して「世界観が変わる体験」を提供することだ。広告主とのタイアップをやる時、僕らが何を対価にお金を得ているのか？

再生回数を売っているわけじゃない。僕らと視聴者との間にある約束の中で動画を作り、届けることで、広告主のプロダクトやブランドが持つ世界観を好きになってくれるかもしれない。この感情の変化にコミットして僕らはお金を稼いでいる。

そのために必要なことがエンゲージメントの高い動画を作ることなんだ。

「エンゲージメントの高い動画をどうやって作ればいいんだ？」

そのヒントはこの本でずっと語ってきた IPT が軸になるが、次の項目にまとめている。正直大事なノウハウで、教えたくない。でも書いた！　心して読んでほしい。

プラットフォーム×スタイル×エンゲージメント＝マネタイズ

クリエイターになれ！とこれだけ煽っておいて、金の稼ぎ方を教えないのは違うよな。この本ではちゃんとそういうところまでカバーする。文字通り出血大サービスだ。

・どこのプラットフォームで勝負するかを決める
・そのプラットフォームで輝くスタイルを考える
・スタイルを踏まえたエンゲージメントの高い動画を作り続ける

この三つを守ればマネタイズへの道は約束されたようなものだ。

まずはプラットフォームを選ぼう。YouTube、Twitter、Facebook、Instagram、最近だと TikTok とかもあるね。さっき伝えた通り、大事なことは届ける力を君が持てるかどうか？だ。
それぞれのプラットフォームを1日最低1時間はドライアイ覚悟で観続けよう。そのうち「こういう動画をここでやればいいんじゃね？」と思うようになってくる。そうなったら実践あるのみ

Chapter 4

だ。大丈夫、どのプラットフォームも動画を UP するのは無料だ。好きなだけ UP しよう。ただし、一度 UP したら必ずルーティンワークにしよう。成功確率を上げるなら毎日だ。

毎日動画を UP し続ける中で手応えを探ろう。感想のコメントは来ているか？　誰かがソーシャルメディアで話題にしているか？表面上の再生回数など一切気にする必要はない。100 万再生以上バズった動画を配信していたメディアが、流れ星のように消えていくのをこれまで何度も見てきた。バズに意味はない。コンテンツではなく、君のメディアに価値が宿らないとマネタイズへの道は遠いからだ。

何かのプラットフォーム上で手応えを感じ出したら、次の段階に進もう。スタイル作りだ。

雑誌やテレビの時代は、そのコンテンツがどこのものなのかということがはっきりしていた。

でもスマートフォンのニュースリーダー、SNS を通して見る時、君はそれがどこのコンテンツなのかってことにちゃんと気づけているかい？

ロゴを隠したら、どこのコンテンツかわからないような動画を作

ってはいけない。それじゃ君のブランドが定着しないからだ。ブランドが浸透しなければ、仕事はいつまでも来ないぜ。

プラットフォームを通して動画を届ける場合、誰が見ても君のコンテンツだとわかるような特徴が必要になる。僕はそれをスタイルと呼んでいる。

スタイルは、君が伝えたいことをヴィジュアルで表していくことで完成する。色、フォント、フィルター、モーション、視覚を構成する要素を丁寧に組み合わせて君だけのスタイルを作ろう。

そうやって、丹誠込めて作ったスタイルが良いものであればあるほど、すぐにパクられるけどね。

しかし、そこで落胆したり、怒ったりして止まっている暇はない。大丈夫、君がスタイルのオリジネイターなら、誰もが君の方を本物だと思うくらい、作って届けていけばいい。

君のブランドと君のスタイルが強く結びつくまで、諦めずそれを続けるんだ。いつしか君のスタイルがジャンルへと進化するはずだ。その時君のブランドは完成する。ブランドとは意味だ。そしてブランドは君のものではない。君のクリエイティブを見た人の心の中に宿るものなのだ。

ONE MEDIA のスタイルは、これまで散々パクられてきた。以前

はその度にブチ切れていた。しかし、いつしかそういう動画に対して色んな人が「ONE MEDIAっぽいけどイマイチな動画だね」とコメントを付けるようになった。それ以来、僕らの仕事はスタイルを必死に守ることではなく、次に生み出すスタイルはどういうものであるべきか？を語ることに変わった。僕らの背中を見て真似をしても、僕らが目指している景色は見えないし、ましてや超えることなんてできないんだ。

スタイルが完成したら、次にそのスタイルでエンゲージメントが生まれるように工夫していこう。

エンゲージメントが高い動画を作るために意識するべきは、時間軸だ。結局、動画の演出というのは、IPTを踏まえた時間のコントロールに尽きると僕は思っている。

テキストは読み手が自分のペースで進めていくので、時間軸は相対的なものになる。よく「文章のテンポ感」という言葉がライターから出るのはそういうことである。

一方、映像には絶対的な時間軸が存在している。5秒は5秒だし、30秒は30秒だ。限られた時間の中でストーリーを構成し終わらせないといけない。まさに時間配分そのものが、IPTを濃

いものにすることや演出に直結している。

また画で語ることと、テキストで語ることを分けて考えることも重要になる。

例えば ONE MEDIA のオフィスを描く場合、テキストなら「目黒の坂を下ると現れてくる白い建物」と表現するところを、動画ならオフィスが映っていれば何も語る必要はない。

まさにこれがヴィジュアルストーリーテリングだ。言葉ではなくヴィジュアルに語らせることがポイントだ。

こうした「時間軸のコントロール」と「テキストと画の使い分け」を意識できれば、エンゲージメントの高い動画を生み出すことができる。

こうして「プラットフォーム×スタイル×エンゲージメント」が掛け合わさったらマネタイズまではあと一歩まで来ている。

テキストにはない動画独自の強みは、ブランドをキープした上で、流通させられることにある。

テキストの場合、NewsPicks の例で言うと「NewsPicks のフレームの中で、NewsPicks のフォントやデザインで見られること」

が総合的なコンテンツ体験だ。するとそれはNewsPicksのアプリやサイト（ドメイン）の中にコンテンツが縛られることも意味してしまう。

なぜならそのテキストコンテンツが、ヤフー、LINE、スマートニュースといったプラットフォーム上で消費されてしまうと、総合的なコンテンツ体験が損なわれてしまって、ほかのブランドと差別化しづらくなるからだ。

つまりテキストコンテンツをプラットフォームに配信しても、PVは上がるかもしれないが、君の売り物は全然パワーアップしない。

例えばヤフーのニュースを見てる時に、メディアのロゴを隠した場合、どこのニュースか判別するのはとても難しい。

それに対して、動画の場合、君のスタイルが完成されてさえいれば、ブランドとしての表現を総合的に伝えることができる。

だからこそ、君がどこかのプラットフォームで動画を流せば流すほど「届ける」部分の対価、つまりメディアビジネスでマネタイズが可能になるんだ。

テキストメディアはコンテンツの成長を自らの檻の中のサイズに

留めてしまう。

動画ならばどこに流通させても、総合的な体験やブランドを損なわずに届けることができる。ONE MEDIA がわざわざ山手線に動画を配信している理由が、これでわかったかな？

トップ1パーセントのクリエイターになるには

スタジオジブリのアニメは、なぜ大人が観ても、子供が観ても楽しめるものになっているんだろう？

そんな僕の疑問に答えが出たのは、川上量生がジブリでプロデューサー見習いをして書いた『コンテンツの秘密 ぼくがジブリで考えたこと』という本を読んだ時のことだった。

自分なりの解釈をここに記そう。わかったことは「ジブリのストーリーと画作りにはレイヤー（階層）構造がある」ということだ。ジブリアニメの主人公を含む登場人物は、極めてアニメらしいシンプルな線で描かれ、とても表情がわかりやすいものになっている。物語の筋道もとてもシンプルで、それこそ小学生が観ても「何が起きているのか？」というストーリーを追っていくことに不自由しない。一方、背景やメカはとても緻密に描かれている。

Chapter 4

大人になればなるほど、前に観た時に気づかなかった物語の伏線
や設定、そしてそれが素晴らしく細かく画面にちりばめられてい
ることにハッとする。
『HUNTER × HUNTER』という漫画の中に「試しの門」という、
自分の持っている力に応じて重さが変わる扉が出てくるが、まさ
にジブリアニメはそんな感じ。

そんな発明をしたジブリのクリエイター（というか宮崎 駿）は
まさにトップ1パーセントのクリエイターだろう。

リュミエール兄弟も、グリフィスも、宮崎駿も、ヴィジュアルス
トーリーテリングの発明をしてきたと僕は考える。
当然、サードウェーブ時代の動画クリエイターでトップに立とう
と思ったら何かを発明しなくてはいけないんじゃないだろうか？

よく、ONE MEDIA のスタッフは既存のテレビ、映画産業の人が
中心なのか？という質問をもらう。
この質問は滅茶苦茶ナンセンスだ。キャリアの有無にかかわらず、
これまでの映像の常識に縛られないで動画の発想で考えることの

できる人が、これから一流クリエイターになると思う。

そこには極端に二極化が生じるはずだ。
既存の映像業界の中の本当にすごい人か、これまでの映像業界を経験していない超新人のいずれかになるだろう。
先ほど紹介したVICEのスパイク・ジョーンズのような、本当のトップクリエイターの価値は揺るがない。
一方いわゆるミドルクラスの人たちは、放送という枠組みだったからこそ生きる伝統技能を持った職人型が多い。
例えば、放送用の編集機材や撮影機材を扱える人たちだ。そうしたスキルは、動画の時代にはまず必要なくなってしまう。
ONE MEDIAでもそうだが、現在、いい動画を作っているのは、これまでの映像業界を経験していない若い人たちだ。

例えば全く編集未経験のインターンでも、1週間くらいブートキャンプ的に鍛えると、どんどん編集できるようになっていく。パソコンやiPhoneで編集や撮影ができるようになって、動画を作ることはとてもシンプルになった。結果として覚えることは少なくセンスの勝負になってくる。

Chapter 4

つまり自分にしか作れない世界観を持っているトップクリエイターは、動画の世界でも活躍し続ける。むしろ既存の映像業界から動画業界がそういう人材を引き抜くニュースがこれから数年以内、いや今年中に出てくるかもしれない。
それ以外のところは、若い未経験の人が担うことになるはずだ。

こういうと、結局は既存のトップクリエイターが主役なのか、と考えがちだがそれは違う。僕は最近 TikTok を見て震えている。小学生や中学生の作る動画の方が明らかにセンスがいいからだ。今はまだ特定のプラットフォームの編集機能に依存したコンテンツになっているが、これからスマートフォンで本格的な動画編集ができるようになっていくことを考えると、本当に末恐ろしい。

YouTube、Twitter、Instagram、舞台は何も今あるプラットフォームだけじゃない。おっさんたちがすぐにはキャッチアップできない、これから現れる未来のプラットフォームで若いクリエイターはどんどん活躍できるはずだ。
大事なのは、そのプラットフォームに合わせた「発明」をするこ

と。TikTok にいる小学生や中学生は間違いなくそれができていて、僕を含む大人たちにはもうそれがわからないレベルにまで来ている。

大人にはわからない発想で新しい表現を発明しよう。
君はまだ何にも縛られていない。年功序列にも、テレビ番組の常識にも、放送法にもだ。

君だけのフロンティアを探せ。

そして後ろを振り返らずに突っ走れ。

君だけにしか生み出せないクリエイティブを探し当てるんだ。

ONE MEDIA
Complete
Video Making
Manual

ONE MEDIA
完全動画マニュアル

□NE MEDI∆

エンゲージメントは、「4つのE」からできている

Empowering

あなたを心から励ます、味方になるストーリーを選ぶこと

Entertaining

あなたの1日が、幸せになるような動画を届けること

Enlightening

あなたの知りたい情報を正しく、適切に選んで伝えること

Emotional

あなたの心が揺さぶられる、感動が止まらないヴィジュアルを作ること

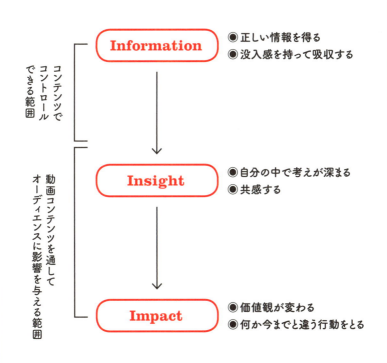

動画の構成順序と、重要な要素

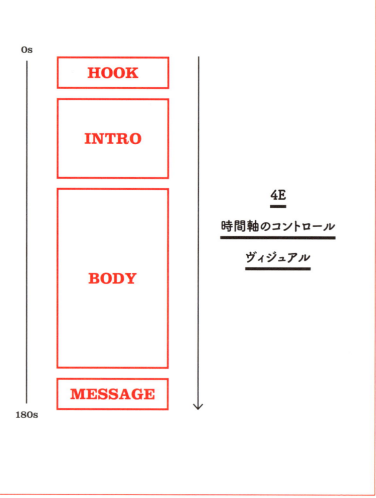

時間軸のコントロール

視聴者の気持ちを想定して、テキストの速さだけでなく…

1

感情の
整理にかかる
時間を作って
あげること

2

観ていて
ストレスのない
最適なテンポを
作ること

…が非常に重要
映像演出の9割は時間軸のコントロール

ONE MEDIA

ONE MEDIAの番組「two FACE」を例に解説

海外の著名人を取り上げ、その輝かしい功績を伝えるとともに、彼らの知られざる挫折や苦悩、そしてメッセージを伝えるシリーズ。成功者の壮絶なライフストーリーを、ダイナミックなヴィジュアルで表現している。

検索ワード：two FACE
https://twitter.com/i/moments/961874816105005056

「two FACE」の構成要素

タイム
ライン

人物

・来日予定
・今、話題など

A面

B面

対比

● ―――――

● ―――――

● ―――――

● ―――――

● ―――――

● ―――――

● ―――――   現在   ● ―――――

時間軸で並べるとこうなる

0s

HOOK — A面とB面の最新の情報
※対比を強調し、キャッチーに

A — A面を時系列で追っていく

転換点 — A➡Bに変化したきっかけ
★ココが一番重要、コントラストの転換

B — B面を時系列で追っていく

MESSAGE — 自分ごと化しやすい本人の
言葉で動画を総括する

180s

クライアントワークの考え方

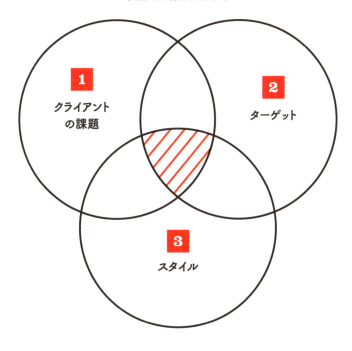

考え方──①クライアントの課題

そもそも知られていないプロダクトやサービス、ブランドを
多くの人に知ってもらう

認知度向上

↓ つまり

そのプロダクトやサービスに興味がない人でも
観たくなるもの

↓ だから

初めのHOOKは誰もが気になるトピックに

門戸を広げること！

ex.）家族、恋愛、仕事など

※タッチポイントが遠ければ遠いほど "驚き" が残る

プロダクトやサービスへの好感度を上げる

↓ つまり

そのプロダクトやサービスが思っていたよりかっこいいとか
思っていたより意味がある、と見せる

↓ だから

裏のストーリーやテキスト少なめでヴィジュアルで感動するもの

ex.) Amazon のライオン犬

プロダクトやサービスの購入を促す

↓ つまり

そのプロダクトやサービスを知っている前提で
いかに他社より優れているか、機能などにフォーカスする

↓ だから

わかりやすく、情報量多めで比較を入れて
プロダクトやサービスの強みを全面的に紹介

購入検討者を説得！

ex.) AppleのiPhone

考え方──②ターゲット

狙いたいオーディエンスに合わせる

- ◉ 中高生なら「受験」「恋愛」「友情」など
- ◉ 社会人なら「飲み会」「上司・部下」「通勤」など

考え方──③スタイル

スタイルは曲げない

- ◉ 自分たちのやっている媒体やコンテンツの特徴に合わせる
- ◉ 視聴者との約束（期待されているもの）を裏切らない

ONE MEDIA

どうやって構成を書くのか？

《 まずはゴール設定を行う 》

認知度

「〇〇〇って商品あるんだ、ふーん」

ブランド

「〇〇〇って商品、かっこいいな」

コンバージョン

「〇〇〇ってやっぱり
△△△よりいいな、買おうかな」

「認知度向上」の構成例

献血PR

クッキーをおいしそうに食べる有名人たち
一人ひとりコメントをする
「こんなにおいしいクッキー久しぶり」
「やっぱりバターたっぷりがいいね」

↓ 25秒

最後の5秒でそれが献血会場だとわかる

《あなたがおいしいクッキーを食べる間に
あなたは3人の命を救うことができる》

タッチポイントがかなり遠いケース

| おいしそうなクッキー | ←→ | 献血 |

「よりカジュアルに
献血に来てほしい」が
クライアントの課題

ゴールから逆算して構成を作る

「よりカジュアルに多くの人に献血に来てほしい！」
がゴールなら、
それが結末に来るようにする
しかし、
以下の番号順にアイデアを考えていくことが大事

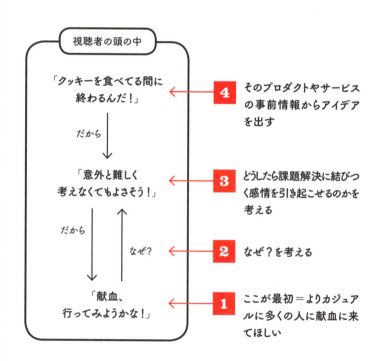

まとめ

「**4つのE**」を盛り込み
「**Information → Insight → Impact**」の流れと
「**時間軸のコントロール**」を意識して編集する

特徴的な「**ヴィジュアル**」で「**スタイル**」を作り
プラットフォーム上で目立つ動画にする

動画が生み出す「**エンゲージメント**」で
「**クライアントの課題**」を解決し対価を得る

Ending

"FILMMAKING IS A SPORT"

Ending

2018年の夏のことだった。

第22回フジロックフェスティバル。初日の午後、グリムスパンキーの松尾レミがハスキーな歌声を響かせるグリーンステージのモッシュピットのはるか後方。ヘリノックスのチェアに深く腰掛け、泣きながらMacBookのキーボードを叩く男がいる。僕だ。

周りを見渡してもノートPCを広げている人間なんて誰もいない。
アルミのボディは日光のエネルギーを吸収し、どんどん熱くなって目玉焼きでも焼けそうな勢いだ。
それでも僕は言葉を紡ぎ続ける。この本の締め切りが迫っている。
涙が止まらないのは、締め切りがヤバイからじゃない。
グリムスパンキーのMCが超エモいからだ。

「学生の頃、私は音楽で生きていくって言ったら、みんなが無理だって笑った」
「それでも諦めなかった、やり続けたから今日こうしてグリーンステージに立ってる」

そうだよ、やり続けたから、諦めなかったから今日があるんだよ。
この日初めて観たグリムスパンキーに、唐突に感情移入しまくり
ながら僕は原稿を書き続けた。
たまたま会場で会った友達が「フジロックに来てまで、本を書く
意味あるの？」と聞いてくる。今世紀最大の愚問だ。

意味は絶対にある。それは君のためだ。今、この本を手に取って
くれている君がクリエイターになるためだ。

最後に、君に絶対観てもらいたい動画がある。
僕が敬愛するYouTuber、ケイシー・ネイスタットの動画だ。
『FILMMAKING IS A SPORT』
17歳で子供ができて、トレーラーハウスで生活保護を受けなが
ら、それでも夢を諦めなかった僕のヒーロー。
彼の言うように、動画を生み出すことはスポーツと同じなんだ。
だから、この本に書かれていることを馬鹿正直に216ページ読
み進めてきた君には申し訳ないけど、チャレンジしなきゃ何も始
まらないんだ。

Ending

> ### 検索ワード「FILMMAKING IS A SPORT」
> https://www.youtube.com/watch?v=2Dpd_8n3A5U

僕は30歳になってから、一度は諦めた動画の世界に戻ってきた。
その時、色んな言葉が浮かんで、なかなか一歩目を踏み出せない
でいた。

「自分はプロになれなかったから」
「趣味は趣味のままの方が幸せだから」

こんなのは、全部どうでもいい言い訳だ！
君がこの先、仮想通貨でもバーチャルYouTuberでもマグロ漁
船でもなんでもいいけど、巨万の富を得たとしよう。
それでも君は、死ぬ直前に後悔するかもしれない。
本当にやりたいことから逃げているからだ。

僕は、やりたいことをやりきって、死にたい。
そして、君にもそうであってほしい。

「君たちは何者だ？」

今、僕があの夏の警備員に聞かれたら、自信満々でこう答えるよ。
僕たちはクリエイター、誰かの世界を変えるきっかけを生み出す
ヤバイ奴らだって。

さあ、今すぐこの本を投げ捨てろ。
君が次に見るべきものは、レンズの向こう側にある。

再生を止めて、録画を始めよう。
世界はこんなにもヴィジュアルに満ちているのだから。

主演 Leading Actor
明石ガクト Gakuto Akashi

助演 Supporting Actors
疋田万理 Mari Hikita　　常世田 介 Kai Tokoyoda
佐々木 勢 Hayanari Sasaki　　斎藤省平 Shohei Saito

監督 Directed by
明石ガクト Gakuto Akashi

助監督 Assistant Directors
疋田万理 Mari Hikita　　川中 陸 Rick Kawanaka
吉田貴臣 Takaomi Yoshida　　篠原 舞 Mai Shinohara

脚本 Screenplay
明石ガクト Gakuto Akashi

プロデューサー Produced by
佐々木紀彦 Norihiko Sasaki

編集 Edited by
箕輪厚介 Kosuke Minowa

視覚効果 Visual Effects
トサカデザイン tosaca design

イラスト Illustration
片山由貴 Yuki Katayama

製作 Production
幻冬舎 Gentosha

SPECIAL THANKS

「とにかく物語は転がしていかないと何も起きない」

僕が尊敬する人の言葉です。

何か新しいことにチャレンジしようという時に、その挑戦には引力が働きます。

もう少し、お金を貯めてから。

もう少し、勉強してから。

もう少し、様子を見てから。

これは一見、安全策をとっているようで全然そうじゃないと僕は思います。ここに書いてあることは全部後からでもリカバーできることだけど「もう少し」で過ぎてしまった時間だけは誰にも取り返せません。いくつかの HARD THINGS を乗り越え、僕はそう考えるようになりました。

Ending

全てのことはタイミングや運が良かっただけ、とカッコつけて言ってみたい。でも本音を言えば、自分が主役の物語を必死に転がしてきたことが全てだと思います。

あの時、すがけんさんが ONE MEDIA の価値を見つけてくれなかったら。
（あの時、すがけんさんに真剣にプレゼンしなかったら）

あの時、川崎さんが叱咤激励してくれなかったら。
（あの時、川崎さんに素直に弱音を吐いていなかったら）

あの時、ナベさんが「いい風が吹いてるな」って言わなかったら。
（あの時、ナベさんに断られてすぐに諦めていたら）

あの時、オヨとスティーヴ・アオキを観に行かなかったら。
（あの時、僕の髪の毛がこんなに長くなかったら）

色々な「もしも」の積み重ねで、僕の物語は転がり続けています。

これは僕が書く、最初で最後の本になると思います（少なくとも、現時点では）。

佐々木さん、動画について語るというチャンスをくれたこと、一生忘れません。

箕輪さん、あなたのおかげで本を書き上げることができました。ずっと本を作り続けてください。

ONE MEDIA のクルーには、いつも本当に支えてもらっています。力を合わせて動画の向こう側に辿り着きましょう。

そして妻に、一番のありがとうを伝えたい。

この本は、僕の子供たちに読んでほしいと思いながら書きました。君たちの人生という一度きりのドラマを悔いなきものにするために、自分自身で毎日をディレクションする喜びを知ってほしいと、切に願います。

2018 年 8 月 14 日　明石ガクト

動画2.0
VISUAL STORYTELLING

2018年11月5日　第1刷発行

著者
明石ガクト

発行者
見城 徹

発行所
株式会社 幻冬舎
〒151-0051 東京都渋谷区千駄ヶ谷4-9-7
電話　03(5411)6211 [編集]
03(5411)6222 [営業]
振替　00120-8-767643

印刷・製本所
中央精版印刷株式会社

検印廃止

万一、落丁乱丁のある場合は送料小社負担でお取替致します。
小社宛にお送り下さい。本書の一部あるいは
全部を無断で複写複製することは、法律で認められた場合を除き、
著作権の侵害となります。定価はカバーに表示してあります。

©GAKUTO AKASHI, GENTOSHA 2018
Printed in Japan
ISBN978-4-344-03381-8　C0095
JASRAC 出 1811366-801
幻冬舎ホームページアドレス
http://www.gentosha.co.jp/

この本に関するご意見・ご感想をメールでお寄せいただく場合は、
comment@gentosha.co.jp まで。

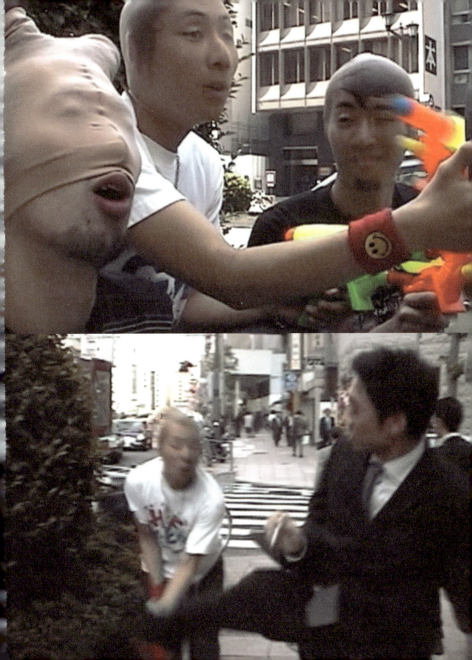